中公新書 2838

吉田　裕著

続・日本軍兵士

——帝国陸海軍の現実

中央公論新社刊

はじめに

一九三七（昭和一二）年七月の日中戦争の勃発から、アジア・太平洋戦争の敗戦までに、約二三〇万人の日本軍兵士が戦争で死んだ。その多くは戦闘による死ではなく、病気による死（戦病死）だった。これまでの戦争ではみられなかった大量の海没死（船舶の沈没による死）や、特攻死（特攻攻撃による死）などの異形の死も、この時期、特にアジア・太平洋戦争期の特徴だった。退却や玉砕（全滅）の際に、捕虜になるのを恐れて友軍によって殺害される傷病兵も少なくなかった。

二〇一七年に刊行した『日本軍兵士――アジア・太平洋戦争の現実』では、さまざまな史料に基づいて、そうした無残な大量死の実態を明らかにした。しかし、大量死の歴史的背景、なぜ大量死が引き起こされたのか、という問題については、陸海軍の軍事思想の特質、統帥権の独立、日本資本主義の後進性などについて、ごく簡単に言及するにとどまった。

そこで本書では、無残な大量死が発生した歴史的背景について、明治以降の帝国陸海軍の歴史に即しながら、できる限り具体的に明らかにしたいと思う。その際、次の三つの視角を重視したい。

第一は、いまふうに言えば、「正面装備」（直接戦闘に使用される兵器や装備）の整備・充実を最優先にしたため、兵站《へいたん》（人員や軍需品の輸送・補給）、情報、衛生・医療、給養（兵員への食糧や被服などの供与）などが著しく軽視されたことである。

それはまた、軍隊だけでなく大日本帝国そのものの持つ危うさでもあった。夏目漱石はその作品のなかで、主人公に次のように語らせている。

日本は西洋から借金でもしなければ、とうてい立ち行かない国だ。それでいて、一等国をもって任じている。そうして、むりにも一等国の仲間入りをしようとする。だから、あらゆる方面に向かって、奥行きをけずって、一等国だけの間口を張っちまった。〔中略〕牛と競争をする蛙《かえる》と同じことで、もう君、腹が裂けるよ。

（『それから』）

「間口」の状況を少し具体的に見てみよう。

一九四一（昭和一六）年、アジア・太平洋戦争開戦時の日本の国民総生産（GNP）は四四九億円、アメリカの国民総生産は円に換算して五三一二億円、アメリカの国民総生産は日本の一一・八三倍である。

ところが、軍事予算は、日本が一二五億円、アメリカが二六六億八〇〇〇万円である。アメリカの軍事予算は日本の二・一三倍にとどまり、日米の差が大きく縮小しているのがわかる。これは、日本がアメリカ以上に軍事予算を増大させてきたからである。国家予算に占める軍事予算の割合は、日本が七五・五七％、アメリカが四七・一八％だった（『軍備拡張の近代史』）。

さらに、日本がアメリカに先んじて軍備の拡張に力を注いできたことにも、注意を払う必要がある。日中戦争の開戦以降、日本は軍事予算を大幅に増額し軍備の増強に努めてきたのに対し、アメリカの軍事予算が大きく増えるのは、この一九四一年度予算からだった。この長期にわたる軍拡の結果、日本は、開戦時にはアメリカに匹敵する軍事力を保有していた。

開戦時における日本海軍の戦力は、戦艦・空母・巡洋艦・駆逐艦・潜水艦の合計で、二三三隻・九七万六〇〇〇トン、アメリカ海軍の戦力は同じく三八九隻・一四二万六〇〇〇トンである。アメリカは太平洋と大西洋の両洋に艦隊を配備しなければならなかったから、太平洋方面では日本海軍がかなり優位となる。

陸軍の兵力では、日本が二一二万名（航空部隊の兵力を除く）・航空機一四八個中隊、アメリカが一六〇万名（同右）・航空機二〇〇個中隊である。陸上兵力では日本の優位が目立つ（「大東亜戦争の計数的分析」）。

国力が約一二倍の国に対して、「腹が裂ける」ほどに軍事力を拡大していることがわかるだろう。そうした無理のある軍拡の結果、漱石の言い方を借りるならば、帝国陸海軍自体も、間口ばかりが立派で、奥行きのない軍隊となった。そのことが兵士にとって、何を意味したのか、という問題を本書では具体的に考えてみたい。

第二には、帝国陸海軍は、将校が温存・優遇される半面で、下士官、そして誰よりも兵士に過重な負担を強いる特質を持っていたのではないか、という問題である。

アジア・太平洋戦争当時、日本の委任統治領だったパラオ諸島のパラオ本島には多数の日本軍が駐屯していた。しかし、アメリカ軍によって制空・制海権を奪われ補給が完全に断たれたため、この島では敗戦までに多数の戦病死者（餓死者）を出すことになる。パラオ本島での戦病死者について分析した作家の澤地久枝は、「兵の死の異様な多さ」に注目し、「日本の軍隊には時代と状況を越え、下士官兵に負荷の重い特性があったのではないかと想像される」と書いている（『ベラウの生と死』）。

ここで軍隊の階級的・権力的秩序《ヒエラルキー》について簡単に説明しておきたい。

軍隊というピラミッド型組織の最頂点にいるのが、指揮・命令系統の中核をなす将校である。軍隊全体のいわば管理職と言っていい。中間にあるのが、戦場や兵営で兵士を直接に掌握し、軍隊内秩序に服従させ、戦わせる下士官である。軍隊の言わば中間管理職である。そしてピラミッドの底辺に命令に従うだけの最大多数の兵士がいる。

なお、澤地が「下士官兵」と書いているように、兵士の当時の呼称は、「兵」である。しかし、「兵」、あるいは「下士官兵」という言い方には、将校の側からみた侮蔑的ニュアンスが込められている。そのため、本書では、「兵」を「兵士」と表記することにしたい。

軍隊における将校・下士官・兵士の構成比についても見ておきたい。

敗戦時の陸軍では、全兵員の二・四％が将校、九・二％が准士官・下士官、八八・

四％が兵士である（『昭和国勢総覧（下）』）。海軍の場合、一九四三年時点で、全兵員の五・八％が将校、二七・九％が准士官・下士官、六六・三％が兵士である（『完結　昭和国勢総覧』第三巻）。海軍は陸軍に比べて志願兵が多いため、兵士から進級を重ねた下士官の割合が大きくなる。このピラミッドの頂点から底辺に移動するにつれて、澤地が言うように、負荷がより大きくなるのかどうかを検討してみたい。

この問題は、少し角度を変えて考えれば、「犠牲の不平等」は存在するのか、ということでもある。つまり、軍隊を構成するすべてのメンバーが、おしなべて同じだけの犠牲を引き受けているのか、それとも特定のグループが過重な犠牲を引き受けているのか、という問題である。そのことは、一般の国民が軍隊に編入される時点でも問われなければならない。徴兵制は「国民皆兵」の理念を掲げていたが、兵役の負担ははたして平等だったのだろうか。

戦前の日本社会は極端な学歴社会だった。一九三五（昭和一〇）年の時点で見てみると、大学などの高等教育機関に在学している学生が当該年齢人口中に占める割合は、わずか三・〇％に過ぎない（『日本の成長と教育』）。同世代の若者のなかの三・〇％の若者だけが高等教育機関に進学したのである。大学進学率が五〇％を超える現代とは異なり、戦前の大学生は、ごく少数のエリートだった。経済的にも恵まれた家庭に育ったこの若者たちも、兵役を平等に担ったのだろうか。そうした問題も検討してみたい。

第三には、兵士の「生活」や「衣食住」を重視するという視点である。軍事ジャーナリストの石渡幸二は、「軍艦の優劣を論ずる場合、必ず引合いに出されるのが攻撃力、防御力、機動力の三要素である」としたうえで、次のように指摘している。

> しかし、もう一つ軍艦という兵器体系の持つ大きな特色として忘れてならないのは、それが同時に多数の人間の住家だという点である。何百人という人間が、そこで寝起きし、飯を食べている。いってみれば、軍艦は兵器であると同時に、多数の独身者を収容している一大アパートなのである。〔中略〕したがって、軍艦の設計において、乗員の艦内生活をどうまかなうか、どのような居住施設を設けたらよいかは、非常に大きな課題である。
>
> （『艦船夜話』）

つまり、たとえ戦闘本位の軍艦の場合であっても、快適で健康的な一定程度の「生活」や「衣食住」を確保する必要があるという考え方である。そこには、居住性を重視することが、乗員の戦闘意欲をたかめ、その軍艦の戦闘力を全体として強化することにつながるという発想がある。しかし、本書で詳しく分析するように、戦闘第一主義の日本海軍には、「生活」や「衣食住」への配慮はきわめて乏しかった。

同時に、最低限の「生活」や「衣食住」を維持し確保することは、軍隊の正統性の問題にも深くかかわってくる。一九四四年四月に召集され、高知県で本土決戦のための陣地構築に従事していた真鍋元之は、次のように指摘している。

日本の軍隊は、食費、被服費、住宅費のすべてを、軍側で負担し、兵士からはビタ一文も徴集しない。それのみか、官給以外の物品は《私物》と称し、所持を厳禁している。兵士の生活につき、徹底的に全面保証を与えるのが、日本の軍隊の伝統的な性格であり、この故にこそ軍は、全面的な絶対服従を、兵に要求することが、できているのであった。

(『ある日、赤紙が来て』)

ところが、食糧不足に悩まされる兵士の多くが、飢えに駆られて住民から「闇米」を買うようになった。真鍋は、「闇米」の持つ深刻な意味について、「自己の資金で購入した米は、「私物」の食糧である。兵士が私物の食糧で、日常の生活を支えるとき、軍の伝統は、崩壊せざるをえないであろう。なぜなら、私物の食糧は、私物の精神を生み、日本軍のもっとも誇りとする、兵士の絶対服従にヒビが生じるからである」と書いている。「生活」の危機は、まさに軍隊の正統性の危機を意味した。

また、この問題に関しては、作家、深緑野分の発言が重要である。第二次世界大戦で米軍の炊事を担当した特技兵を描いた小説、『戦場のコックたち』を書いた深緑は、「戦争を調べていくと、結局、兵士や市民の生活を保てない国が最終的に負けるとわかってきました。戦争を語るとき、戦闘のことが中心で、生活という視点が抜けがちです」と語っている(『朝日新聞』二〇二三年八月一六日付)。

これまでの戦争の語りのなかでは、「生活という視点が抜けがち」だという深緑の指摘は示唆的である。本書では、深緑の指摘も踏まえて、兵士の「生活」や「衣食住」に焦点を合わせて、帝国陸海軍の生態を分析してみたい。

なお、本書では、行論の都合上、『日本軍兵士』で取り上げた若干の論点を再論している場合がある。その場合でも、いくつかの例外をのぞき、『日本軍兵士』刊行後に収集した新たな史料に基づき、叙述するようにした。

目次

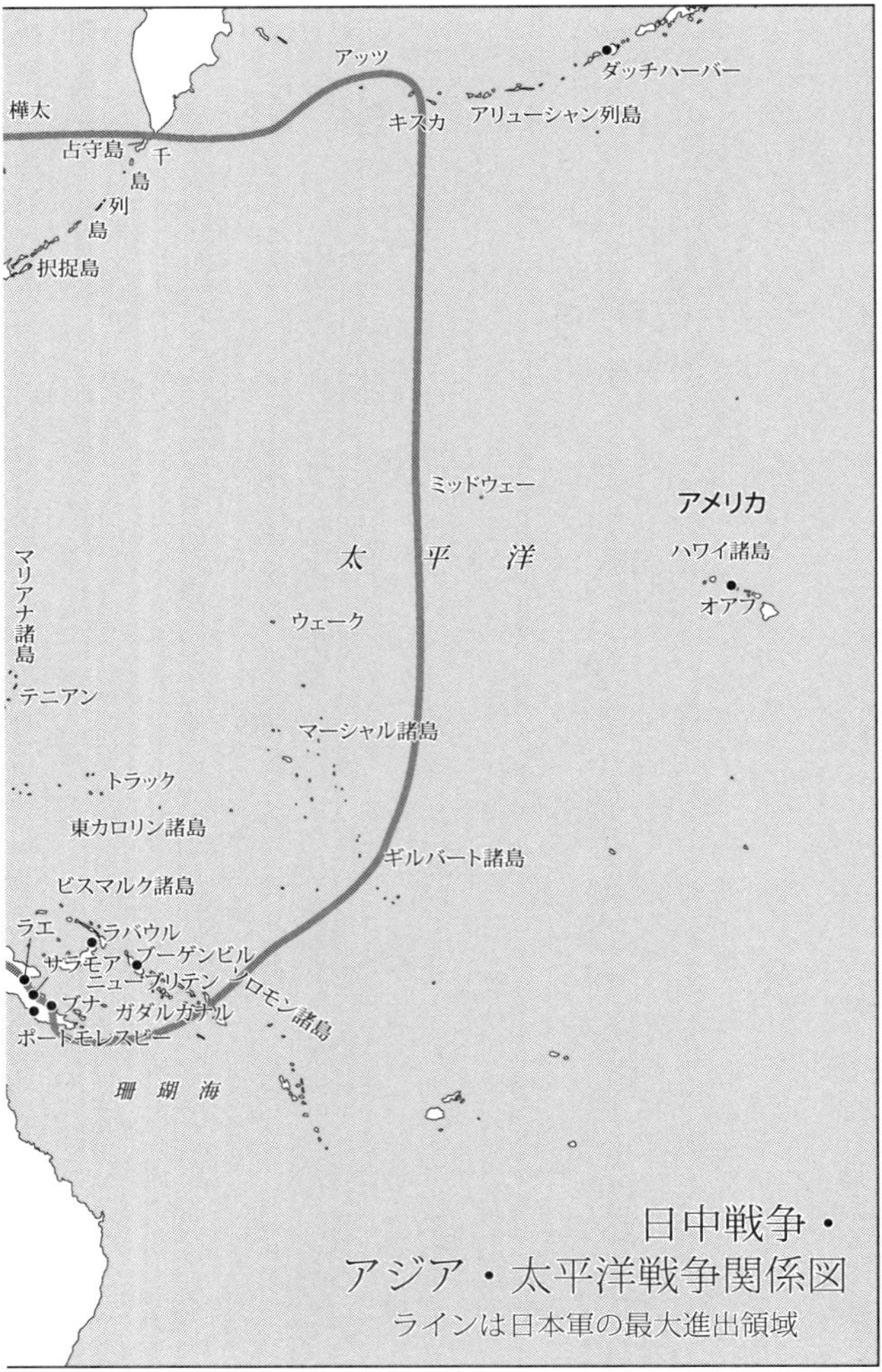

樺太
占守島
千島列島
択捉島
アッツ
キスカ
アリューシャン列島
ダッチハーバー
ミッドウェー
アメリカ
太平洋
ハワイ諸島
オアフ
マリアナ諸島
ウェーク
テニアン
マーシャル諸島
トラック
東カロリン諸島
ギルバート諸島
ビスマルク諸島
ラエ
ラバウル
サラモア
ブーゲンビル
ニューブリテン
ソロモン諸島
ブナ
ガダルカナル
ポートモレスビー
珊瑚海
日中戦争・
アジア・太平洋戦争関係図
ラインは日本軍の最大進出領域

ソ 連
満州国
満州里
ハイラル
ノモンハン
チチハル
ハバロフスク
真岡
モンゴル人民共和国
ハルビン
新京
ウラジオストク
奉天
北京
旅順
天津
大連
京城
延安
中華民国
西安
徐州
朝鮮
東京
広島
日本
南京
長崎
重慶
宜昌
上海
東シナ海
武昌
漢口
南西諸島
小笠原諸島
ミートキーナ
衡陽
沖縄
桂林
インパール
柳州
硫黄島
英領インド
ビルマ
広東
台湾
香港
マンダレー
ハノイ
仏領インドシナ
海南島
ルソン
ラングーン
タイ
南シナ海
フィリピン
サイパン
バンコク
マニラ
グアム
南沙群島
レイテ
サイゴン
シンゴラ
ミンダナオ
パラオ諸島
ペリリュー
コタバル
セイロン
ブルネイ
英領マレー
西カロリン諸島
シンガポール
メナド
ハルマヘラ
ボルネオ
スマトラ
ビアク
ウエワク
セレベス
パレンバン
ニューギニア
オランダ領東インド
バンドン
スラバヤ
モルッカ諸島
小スンダ列島
チモール
バリ
ジャワ
ポートダーウィン
オーストラリア

続・日本軍兵士
——帝国陸海軍の現実

凡例

・本書では読みやすさを考慮して、引用文中の漢字は原則として新字体を使用し、片仮名は平仮名に、歴史的仮名遣いは現代のものに改めた。また、一部の漢字を平仮名に改めた。
・アジア歴史資料センターからの引用史料に関しては、必要に応じてレファレンス番号を付した。
・引用文中には、現在では不適切な表現があるが、歴史史料としての性格上、原文のままとした。
・軍の階級については原則的に当時のものとした。
・〔 〕は筆者による補足である。
・敬称は略した。

序　章

近代日本の戦死者と戦病死者

日清戦争からアジア・太平洋戦争まで

疾病との戦いだった日清戦争

はじめに近代日本が戦った対外戦争を、主として戦病死という視点から概観してみたい。軍事衛生や軍事医学の問題に焦点を合わせることによって、これまであまり認識されてこなかったそれぞれの戦争の別の特質が、浮かびあがってくるはずである。

一八九四（明治二七）年七月、日本軍による朝鮮王宮の占領によって始まった日清戦争は、朝鮮の支配権をめぐる日本と清国との戦争だった。翌年四月の講和条約によって、日本が台湾を獲得して以降は、現地住民の抵抗を鎮圧するための植民地征服戦争が八月まで続いた。

日清戦争で二四万の陸軍兵力を動員した日本は、台湾征服戦争の時期を含めると、陸軍だけで戦闘による死者（戦死）一四〇一名、戦病死者一万一七六三名、合計一万三一六四名の戦没者を出した（『日露戦争の軍事史的研究』）。全戦没者に占める戦病死者の割合は八九・三六％にもなる。

その意味で日清戦争は、赤痢・マラリア・コレラなどの疾病との戦いだったと言える。クリミア戦争や南北戦争など、一九世紀後半の大きな戦争では、戦病死者数が戦死者数を大きく上回るのが普通だった。日清戦争もその例外ではなかった。

同時に、戦地での入院患者のうちで、伝染病や脚気《かっけ》以外で数が多かったのは、凍傷患者である。これは、軍靴の補給が間に合わなかったため、草鞋《わらじ》を履いた兵士が少なかったからである。装備の近代化という点では、日清戦争はまだ過渡期の戦争だった。

また、輸送や補給を任務とする輜重《しちょう》兵の編成が遅れたため、軍夫《ぐんぷ》と呼ばれた臨時雇用の人夫（民間人）が大きな役割を果たしたことも、この戦争の大きな特徴だった。軍夫の死亡者は七〇〇〇名と推定されているので、日清戦争の死者は全体で二万名を超えることになる（『日清戦争』）。

戦病死者が激減した日露戦争

日清戦争の結果、日本は朝鮮半島から清国の影響力を排除することには成功したが、戦後、朝鮮ではむしろロシアの影響力が拡大した。ロシアはまた満州（中国東北部）でも勢力圏を拡大した。このため、満州と朝鮮の支配をめぐって日本がロシアと戦ったのが、一九〇四（明治三七）年二月に始まり、〇五年九月に終わった日露戦争である。

戦争末期には日本の戦争遂行能力はすでに限界に達していたが、アメリカの仲介もあって辛うじて講和条約の締結に持ち込むことができた。日露戦争の結果、日本は賠償金こそ得られなかったものの、遼東半島の租借権、東清鉄道南満州支線などの権益を手に入れ、アジアで唯一の帝国主義国家としての地位を確立する。

日露戦争で日本陸軍は、一一〇万の兵力を動員した。戦死者は六万三一名、戦病死者は二万一四二四名、戦没者は合計で八万一四五五名である。全戦没者に占める戦病死者の割合は、二六・三〇%にまで低下している（前掲『日露戦争の軍事史的研究』）。

日露戦争は「疫学的にみて画期的な戦争」であり、戦死者数が戦病死者数を上回った「史上最初の戦争」だった（『疫病の時代』）。戦病死者数が減少したのは、日清戦争に比べて伝染病による死者などが大きく減少したからである。凍傷も減少した。

また、日清戦争のときの軍夫とは異なり、輜重輸卒《ゆそつ》（輜重兵の監督下で弾薬や食糧を運搬する兵士）によって編成された専門の補給部隊が兵站《へいたん》（補給や輸送）を支えた。さらに日清戦争後、陸軍は高度な専門性を有する軍医を養成する教育体制を構築し、衛生部の近代化を実現している（「明治期日本陸軍衛生部の補充・教育制度の社会史」）。戦病死率の低下は、日清戦争で獲得した巨額の賠償金などを投入して、軍事衛生・軍事医学も含めた軍備の近代化に努めてきた成果だと言えよう。

なお、日露戦争における海軍の戦没者数は二九〇〇名であり、戦没軍人の圧倒的多数は陸軍軍人である。

とは言え、疾病の問題では未解決の課題も残されていた。最大の問題は脚気の多発である。日清戦争の場合、戦地で入院した陸軍軍人のうちで脚気による死者は一八六〇名である（『日清戦争統計集』）。日露戦争では、脚気による死者は五八九六名にもなった（前掲『日露戦争の軍事史的研究』）。言うまでもなく、脚気の原因はビタミンB_1の不足だが、原因が軍内部で最終的に確定するのは、一九二〇年代前半のことである。

しかし、白米と麦（ビタミンが豊富）との混食によって、脚気患者が減少する事実は、陸軍内でも早くから経験的に知られていた。それにもかかわらず、森林太郎（作家・森鷗外）などの軍医関係者が白米食に固執したため、多数の死者を出すことになった。

凍傷患者が減少した理由の一つは、兵士に軍靴が行き渡ったからである。それでも一九〇五年に入ると、大規模な兵力動員に加えて、軍靴の質が劣悪ですぐに破損したため、軍靴の不足が深刻になる。陸軍中央が、新潟などの降雪県に「ワラ靴五十六万足の調達」を指示したのはそのためである（『靴産業百年史』）。

また、前線では軍靴の破損を防ぐため、「軍靴を要せざる場合にはなるべく草鞋《わらじ》を用」いさせ、空き時間には兵士に草鞋を作らせている（『日露戦役給養史』第四巻）。

平山多次郎『日露戦争より得たる野戦給養勤務上の教訓』（一九一五年）によれば、ある徒歩砲兵連隊の場合、戦地への上陸後、「道路不良」のためもあって、わずか一四日間の行軍で軍靴は裏皮が破れ、甚《はなは》だしい場合には縫い糸が切れてしまったという。軍靴の質の悪さは、その後、アジア・太平洋戦争の時期まで、日本軍兵士を悩ませ続けることになる。

第一次世界大戦の戦病死者

日露戦争後の一九一〇（明治四三）年八月、日本は韓国を併合し、朝鮮に対する植民地支配が始まった。

一九一四（大正三）年七月には、ヨーロッパで第一次世界大戦が勃発する。以後、一九一八年一一月の休戦まで続いたこの戦争で、軍人約八〇〇万名、民間人約七〇〇万名が死没したとされる。

日本は、一九一四年八月、日英同盟を口実にしてドイツに宣戦を布告、中国におけるドイツの租借地（青島）、太平洋にあるドイツ領諸島を攻略するとともに、船団護衛のための艦隊を地中海などに派遣した。連合国側（協商国側）に立った限定的な参戦であり、日本の主な狙いは中国における権益の維持・拡大にあった。

この日独戦争で最大の戦闘は、一九一四年九月から一一月にかけて戦われた青島攻略作戦である。この作戦で六万名の兵力を動員した陸軍は、重砲などの多数の最新鋭兵器を惜しみなく投入してドイツ軍を圧倒した。

陸軍省『大正三年戦役衛生史』第四・五編（一九一七年）によれば、日独戦争における陸軍の戦死者は四〇八名、戦病死者（戦地入院患者中の死者が中心）は一一五名、合計で五二三名、全戦没者に占める戦病死者の割合は二一・九九％である。戦病死者の割合は、日露戦争よりさらに低下している。

第一次世界大戦の末期、一九一八年八月には、日本は米・英などの連合国との共同出兵の形をとって、陸軍部隊をシベリアに派遣した。シベリア出兵（シベリア干渉戦争）である。ロシア革命への干渉を目的にした政略的出兵だが、日本は連合国のなかで最大の兵力をシベリアに送り込んだ。しかし、ゲリラ戦などによる現地の革命勢力の抵抗は激しく、一九一九年末から二〇年初めにかけて、英軍や米軍はシベリアから撤退する。日本も一九二〇年中には戦線の大幅な縮小を余儀なくされたが、その後も単独で駐留を続けた。

結局、内外からの批判に押されて、日本軍がシベリアから撤退するのは一九二二（大正一一）年一〇月、北樺太から撤退するのは二五年五月のことだった。この戦争で陸軍は、一三万名の兵力を動員した。

シベリア干渉戦争の戦没者数

軍事衛生の面ではこの戦争の性格は複雑である。

戦死・戦病死者数については、原暉之《はらてるゆき》が、全期間の陸軍の戦死者一七三七名、戦病死者一五五五名、合計三二九二名という数字を挙げている（『日本帝国の膨張と縮小』）。靖国神社社務所編『靖国神社忠魂史』第五巻（一九三三年）からシベリア干渉戦争の合祀者を集計した数字である。これによると全戦没者に占める戦病死者の割合は、四七・二四％になる。

また、陸軍省『西伯利《シベリア》出兵衛生史』第二巻によれば、一九一八年八月から二〇年一〇月までのシベリア派遣陸軍部隊の損耗は、戦死者一五三九名、戦病死者一二四〇名（留守部隊での病死者を含む）、合計二七七九名であり、全戦没者に占める戦病死者の割合は、四四・六二%である。原の集計と近似した数字であり、厳しい自然環境の下で、四割を超える多数の戦病死者が出たのは間違いないだろう。

日露戦争時の戦病死者の割合をはるかに超える数字だが、戦病死の実態をもう少し詳しく見てみる必要がある。陸軍省『西伯利出兵衛生史』第五巻によれば、一九一八年八月から二〇年一〇月までに、病気が原因で戦地で入院し死亡した患者のうちで、第一位を占めるのは「流行性感冒」の三三〇名である。これには内地の留守部隊における「流行性感冒」による死者は含まれていない。

「流行性感冒」とは、パンデミックとなった感染症である「スペイン風邪」のことである。日本の内地だけでも推定で五〇万人近い死亡者を出している(『日本を襲ったスペイン・インフルエンザ』)。「流行性感冒」は陸軍内でも猛威を振るった。シベリアに出兵した一九一八年からシベリアから撤退する二二年までの間に、陸軍はこの病気で二三九八名もの死者を出している(『軍陣防疫学教程』)。つまり、シベリア干渉戦争の場合、戦病死者数が多いのは、「流行性感冒」による死者が数値をかなり押し上げていたからである。

伝染病による死者の激減

他方でシベリア干渉戦争は、法定伝染病による死者が激減した戦争でもあった。日露戦争は日清戦争と比較するならば、法定伝染病による死者が大きく減少した戦争ではあったが、法定伝染病による死者は決して少なくない。日露戦争時の伝染病による死亡者を多い順に並べると（上位三位）、腸チフス八六七四名、赤痢二六三三名、流行性脳脊髄膜炎一五〇名である（『軍陣防疫学教程』）。ところがシベリア干渉戦争では、法定伝染病による死者は、多い順で（上位三位）赤痢七六名、流行性脳脊髄膜炎二八名、腸チフス二二名である（『西伯利出兵衛生史』第五巻）。まさに激減していることがわかる。

これは日露戦争後に陸軍内で法定伝染病の予防接種が実施されるようになったことが大きく影響している。脚気についても、日露戦争時の脚気による死者五八九六名が、シベリア干渉戦争では、わずか三九名になった。脚気の原因は確定されていないものの、米麦混食を励行し、主食の一部をパン食に代えただけでなく、新鮮な野菜や肉類の支給に努めたこととの結果だった（同前）。

ここで凍傷について詳しく見ておこう。関東軍司令部の研究、『凍傷に就て』（一九三七年）によれば、各戦争における凍傷患者数は、日清戦争一万二六一七名、日露戦争五〇八六名、シベリア干渉戦争一六〇七名、満州事変（一九三一年九月から三七年三月までの数字）三九六四名である。

極寒地における戦争だったにもかかわらず、シベリア干渉戦争の患者数が意外に少ないのは、防寒装備の改良や早期治療の成果だろう。なお、期間が長いこともあって、満州事変の患者数はかなり多いが、これまでの戦争に比較すると、重度の患者数は少なかったようだ。

軍事衛生の改善・改良と満州事変

シベリア干渉戦争は、近代日本の戦争のなかでも、戦争反対論が大きな高揚をみせた唯一の戦争だった。出兵決定と同時に新聞各紙は政府批判の論陣を張ったし、議会では野党が撤兵論を主張した。

この時代は軍縮を求める世論も根強く、陸軍では一九二二（大正一一）年に山梨軍縮（当時の陸相は山梨半造中将）が、二五年には宇垣軍縮（同じく宇垣一成《うがきかずしげ》中将）が実施されている。海軍については、一九二二年締結のワシントン海軍軍縮条約で主力艦の軍縮が、三〇年のロンドン海軍軍縮条約の締結で補助艦艇の軍縮が決まった。

国内政治の面でも一定の民主化が行われ、一九二四年には主要閣僚を政党員が占める加藤高明内閣の組閣によって政党内閣が成立し、二五年には男子普通選挙が実現する。一九二〇年代の日本は、対外的には、中国への侵略をある程度抑止しつつ英米との協調を重視する協調外交を、国内的には、政党内閣という路線を選択したのである。一九二〇年代は、日米関係が最も安定した時代でもあった。

こうした流れを逆転させたのが、陸軍の謀略によって一九三一年九月に開始された満州事変だった。戦争が始まると、国民のなかには中国に対する排外主義が吹き荒れ、軍部の強硬路線への支持が広がった。陸海軍の政治的な威信も強化され、一九三二年五月の犬養毅首相の暗殺事件（五・一五事件）によって、政党内閣は終わりを告げた。

この満州事変で、日本は一三万名の陸軍兵力を動員したが、戦死者数・戦病死者数については、よくわからない。陸軍省『満州事変陸軍衛生史』全九巻（目次・索引を含む）が刊行されているが、所在不明の巻があるからだ。ただ、靖国神社やすくにの祈り編集委員会編『やすくにの祈り』（一九九九年）によれば、満州事変の合祀者は海軍や軍属も含めて一万七一七四名である。この数字には領事館警察や南満州鉄道関係の殉職者、さらには「準軍属」（「みなし軍属」）とされた戦後の合祀者も含んでいるため、陸軍の軍人・軍属の戦没者は実際にはもう少し少ない数字になるだろう。

幸いなことに、陸軍省『満州事変陸軍衛生史』第六巻（一九三七年）に、一九三一年九月から三四年三月までの期間のいくつかの統計資料が記載されている。同書によれば、満州事変では、出動人員に対する戦病患者の発生率は、過去のどの戦争よりも低率となっている。また、戦死者一名に対する戦病死者の比率は、日露戦争の〇・三九名に対して、満州事変は〇・二一名となった。

靖国神社への合祀者数を戦没者数とみなして、戦没者数一万七〇〇〇名で計算すると、全戦没者のなかに占める戦病死者の割合は一七・三五％となる。これは近代日本が戦った戦争で最も低い戦病死率である。また、脚気による死亡者数についてはシベリア干渉戦争よりさらに低下して、一一名となった。脚気の原因がビタミンB_1の不足にあることが明らかになり、胚芽米やビタミン剤が支給されるようになったからである。

満州事変は、軍事衛生や軍事医学の面での改善や改良が、大きく進展していることを示した戦争だった。

退行する軍事衛生——日中戦争の長期化

満州事変によって満州の全土を占領した日本は、一九三二（昭和七）年三月には傀儡《かいらい》国家である満州国を建国する。翌一九三三年五月には塘沽《タンクー》停戦協定が締結され、日中間には小康状態が生まれた。蔣介石の率いる国民政府が、対日戦より国内における中国共産党との戦いを重視し、満州国の存在を黙認したからである。

しかし、満州国内では激しい抗日ゲリラ闘争が続き、一九三五年に入ると、陸軍が華北五省を日本の支配圏に組み入れようとする華北分離工作を強引に開始した。中国側はこれに激しく反発し、国民党と共産党が一致団結して、日本の侵略と戦うべきだとする気運が急速に高まった。

こうしたなか、一九三七年七月、北京郊外の盧溝橋《ろこうきょう》で日中両軍の小規模な武力衝突が発生した。衝突自体は偶発的事件だったが、日中間の緊張が高まっていただけでなく、陸軍内に強力な拡大派が存在したこともあって、戦闘はたちまち華北に拡大し、翌八月には日中間の全面戦争に発展する。中国に派遣された陸軍の兵力は、一九三八年には六八万名、三九年には七一万名に達したが、中国は頑強な抗戦を続け、四〇年になると戦線は完全に膠着《こうちゃく》した。

表１　日中戦争における戦死・戦病死者

年	戦死者（a）	戦病死者（b）	計（c）	b/c ×100
1937・38	63, 635	12, 605	76, 240	16. 53%
39	40, 417	9, 388	49, 805	18. 85%
40	15, 926	13, 688	29, 614	46. 22%
41	12, 606	12, 713	25, 319	50. 21%
計	132, 584	48, 394	180, 978	26. 74%

註記：満州における戦死・戦病死者を含む
出典：復員局「支那事変間（自1937年7月7日至1941年12月7日）に於ける元日本陸軍軍人軍属の戦死者（戦斗に起因する病死者を含む）及戦傷者の人員に関する件」（1951年6月2日）より作成．C15010051400

日中戦争に関する衛生史は、編纂が終わらないまま敗戦を迎えたが、一九三七年から四一年までの陸軍の戦死者数・戦病死者数は、戦後のデータが残されている（表1）。全戦没者に占める戦病死者の割合は、一九三七年から三九年までは、日露戦争の二六・三〇％よりかなり低い水準にとどまっていたが、四〇年には日露戦争を大きく上回る四六・二二％、翌四一年には日露戦争の倍近い五〇・二一％に達している。

戦争の長期化によって兵士を取り巻く戦場の環境が劣悪化し、兵士の体格、体力が低下していることもあって、軍事衛生の面では明らかな退行現象が生じているのがわかる。

戦病についての全般的なデータは見当たらないが、中国南部に駐屯していた南支那派遣軍の場合、一九四一年の主要疾病の患者数は、第一位がマラリアの三万五四五六名、第二位が脚気の四八七四名、第三位が結核の一九〇四名である（『広東省兵要地誌概説』）。

日中戦争が華南に拡大するに伴って感染症のマラリアが猛威を振るい始めていること、一九三〇年代には一般の国民のなかで死亡率が急上昇する結核が三位に登場すること、そして、脚気が再度ランクインしているのが重要である。

日露戦争の場合、戦地での入院患者のうちで脚気患者は第一位を占めていた。それがシベリア干渉戦争時には、脚気患者の順位は第七位に下がっていた。脚気患者は、全患者のわずか〇・九四％にすぎない（『西伯利出兵衛生史』第五巻）。陸軍が主食や副食の改善で脚気の減少に努めてきた結果である。

こうした経緯を考えるならば、脚気の「復活」は、軍隊の給養（食糧や被服を供給すること）が急速に悪化していることを示していると言えるだろう。ただし、脚気の症状は栄養失調と類似しているので、栄養失調が脚気という診断名に置き換えられている可能性もある。しかし、脚気にしろ栄養失調にしろ、給養の悪化に原因があることは明らかである。

アジア・太平洋戦争の開戦

日中戦争が長期戦となるなか、一九三九（昭和一四）年九月には第二次世界大戦が勃発する。当初は「奇妙な戦争」と呼ばれた対峙《たいじ》状態が続いていたが、一九四〇年に入るとドイツはヨーロッパで攻勢作戦を開始し、たちまちのうちにオランダやフランスなどの諸国を占領した。ドイツ軍による「電撃戦」の勝利である。

日中戦争の行き詰まりに直面していた日本では、ドイツの勝利に便乗して、ドイツと一体となって勢力圏の再分割戦争に加わろうとする勢力が急速に台頭してくる。その圧力の下で、日本は一九四〇年九月には、北部仏印に進駐して武力南進政策を開始するとともに、日独伊三国同盟を締結する。

しかし、この外交路線の大きな転換は、日米関係を急速に悪化させた。そのため、一九四一年四月からは戦争回避のための日米交渉が始まるが、中国からの日本軍の撤兵を求めるアメリカに対して、陸軍が妥協を拒んで撤兵に反対し続けたため、交渉は暗礁に乗り上げる。その結果、一九四一年一二月、日本軍は英領マレー半島と真珠湾への奇襲攻撃を開始する。アジア・太平洋戦争の開戦である。

アジア・太平洋戦争については陸海軍ともに、公式の衛生史を編纂しないまま敗戦を迎えた。戦後、旧陸軍の軍医関係者がまとめた陸上自衛隊衛生学校編『大東亜戦争陸軍衛生史』全九巻（非売品、一九六八〜七一年）があるだけである。また、公文書の焼却も徹底しているため、包括的なデータに乏しい。そのため、限定的な分析にならざるを得ないが、まず基礎的な数字を確認しておこう。

陸海軍の戦没者数

日中戦争以降、アジア・太平洋戦争の敗戦に至るまでの時期の軍人・軍属の戦没者数は、約二三〇万名、民間人の戦没者数は約八〇万名、合計三一〇万名である。戦死・戦病死の別、陸軍・海軍の別はわからない（『援護50年史』）。

ただ、陸軍・海軍別の死没者数については、厚生省援護局が一九六四年に作成した資料が残されている。この資料によれば、日中戦争以降敗戦までの陸軍兵員の戦没者数は一六四万七二〇〇名、海軍兵員の戦没者数は四七万三八〇〇名、合計で二一二万一〇〇〇名である。この数字が一九六四年の時点で政府が把握している戦没者数ということになる。

なお、この二一二万名のなかには敗戦後の死者一八万一〇〇〇名が含まれている。日露戦争の全戦没者の約二倍の人員が、敗戦後に死没しているのである（『日本の戦争』）。

この援護局資料によれば、海軍の戦没者数は陸軍の約三割である。アジア・太平洋戦争中に海軍軍備の大拡張が行われているので、これまでの戦争とは異なり、海軍の戦没者数も決して少なくないことがわかる。

日露戦争以前に戻った戦病死者の割合

戦死・戦病死の別については、敗戦直後の一九四五（昭和二〇）年一〇月に陸軍省がまとめた統計がある。これによると、アジア・太平洋戦争の開戦以来、敗戦までの陸軍の戦死者数は四九万六〇一三名、戦病死者数は三〇万七〇二〇名、全戦没者のなかに占める戦病死者の割合は、三八・二％である（『大東亜戦争陸軍衛生史』第一巻）。

戦没者の全容を把握できていない敗戦直後の調査であること、多数の戦病死者を出したフィリピン（戦没者数五二万名）などの地域については、資料がないため「若干部隊の損耗を基準」とした推定であることに注意を払う必要がある。しかし、それでも三八・二％は日露戦争をはるかに上回る数字である。先述したように、一九四一年の中国戦線の戦病死率がすでに五〇・二一％に達していたことも考えあわせるならば、より過酷な状況下にあったアジア・太平洋戦争の戦病死率は、五割を優に超えるものと考えられる。

ちなみに、藤原彰『餓死《うえじに》した英霊たち』（二〇一八年）は、日中戦争以降敗戦までの軍人・軍属の戦没者二三〇万人のうち六割は、栄養失調による餓死者と、栄養失調に伴う体力の消耗の結果、マラリアなどの伝染病に感染した広義の餓死者だったと推定している。妥当な推定だろう。

さらに、『大東亜戦争陸軍衛生史』第一巻によって、アジア・太平洋戦争中の戦病の発生数を見てみると、東南アジアなどの南方戦線では、戦病の第一位はマラリア、第二位が脚気、第三位が「その他の全身病」、中国戦線では、第一位が結核、第二位がマラリア、第三位が脚気である。脚気の「復活」は明らかである。

なお、戦争栄養失調症（後述）は、病類では「その他の全身病」に区分される。旧第二〇軍軍医部「大東亜戦争陸軍衛生史編纂資料」によれば、中国戦線に配備されていた第二〇軍の場合、「その他の全身病」に区分されている戦病の大部分は、「戦争栄養失調症」と判定された戦病である。

このようにみてくると、日清戦争以降の近代日本の戦争のなかで、満州事変までは、軍事衛生や軍事医学の面でかなりの進歩がみられたことは明らかである。しかし、日中戦争の長期化とアジア・太平洋戦争によって、それは退行し、日露戦争以前の水準にまで後戻りしてしまった。

日清戦争以降の歴史をたどりながら、退行や後戻りの原因を具体的に明らかにするのが本書の目的である。

コラム①

戦史の編纂――日清戦争からアジア・太平洋戦争まで

戦前は一つの戦争が終わると、陸軍は参謀本部が、海軍は軍令部が、それぞれ戦史を編纂していた。戦史には、公刊されるものと「秘」扱いで公刊されないものとがあったが、かなり大部の戦史が戦争のたびに編纂されている。

日清戦争、日露戦争を例にとると、日清戦争では、参謀本部が『明治二十七、八年日清戦史』を、軍令部が『明治二十七、八年海戦史』を編纂している。日露戦争の場合は、参謀本部が『明治三十七、八年日露戦史』、軍令部が『明治三十七、八年海戦史』などである。

また、この二つの戦争では、陸軍省も統計資料を収録した「戦役統計」や衛生史を編纂している。その後、第一次世界大戦でも、参謀本部『大正三年日独戦史』、軍令部『大正四年乃至《ないし》九年戦役海軍戦史』などが編纂されている。内容は、重要な事実が伏せられていたり、戦争の暗部には言及しないなど問題も多いが、歴史研究の基礎資料として重要な意味を持つ。

ところが、満州事変以降は、戦史の編纂が滞るようになる。満州事変の場合、参謀本部は、「主として一般将校の戦史研究及び用兵並びに軍事政策に参画する者の鑑誡《かんかい》〔よく調べて戒《いまし》めとすること〕に資す」る目的で、『満州事変史』全二八巻の編纂を計画していた。しかし、日中戦争の勃発など「時局逼迫《ひっぱく》のため」、全一二巻を刊行したところで発刊中止になっている（『満州事変作戦経過ノ概要〔復刻版〕』）。

日中戦争の場合、元陸軍少佐で戦後は防衛研修所の戦史編纂官となった森松俊夫によれば、参謀本部第四部が「支那事変史編纂部」を設け編纂を始めていたが、アジア・太平洋戦争中の一九四三年に編纂事業が打ち切られている（『日本陸軍の本　総解説』）。

満州事変と日中戦争に関して、基礎的なデータが欠けている理由は、敗戦前後の公文書の焼却にくわえて、戦史の編纂が途中で打ち切られているからだろう。なお、海軍の場合は、軍令部『昭和六・七年事変海軍戦史』が最後に編纂された戦史のようだ。また、アジア・太平洋戦争に関しては、陸海軍ともに戦史は編纂されていない。

ただし、アジア・太平洋戦争に関しては、戦後に「公刊戦史」が刊行されている。防衛庁防衛研修所戦史室が編纂した『戦史叢書』全一〇二巻がそれである。なお、防衛研修所は一九八五年に防衛研究所に、戦史室は一九七六年に戦史部に改組されている。この『戦史叢書』は、当時一般の研究者が見ることができなかった陸海軍関係の膨大な一次史料を基礎にした研究の集大成である。その刊行は、軍事史研究の発展に大きく貢献するものとなった。

しかし、同時に大きな限界もあった。戦史編纂官の多くが旧陸海軍の幕僚将校の出身者だったからである。そのため、『戦史叢書』自体も、旧軍のような作戦中心主義、作戦第一主義的な性格を免れることができず、兵站、情報、衛生、教育などが軽視された。

また、旧軍の弁護に流れがちであったばかりでなく、陸海軍間のセクト的対立がそのまま戦後まで持ち越されることもあった。陸軍出身の編纂官が担当した巻は海軍に批判的であり、海軍出身の編纂官が担当した巻は陸軍に批判的、といった問題である。

『戦史叢書』のこうした問題点に関しては、近年防衛研究所の中からも手厳しい批判の声が上がりつつある（「戦後歴史学と軍事史研究」）。

第1章

明治から満州事変まで

兵士たちの「食」と体格

1　徴兵制の導入——忌避者と現役徴集率

徴兵令の布告

近代国家の建設を急ぐ日本政府は、一八七三（明治六）年一月には、「国民皆兵」の原則を掲げた徴兵令を布告し、徴兵制を導入した。これにより満二〇歳に達した青年男子は、徴兵検査の受検が義務付けられる。

徴兵検査は、入営する現役兵を選抜するための身体検査である。「国民皆兵」とは言うものの、徴兵令は、多くの人々に兵役の免除（免役）を認めていた。免役の対象となるのは、身体検査の結果、兵役に適さないとされた者を別にすれば、戸主とその相続人、官吏、所定の学校の生徒、代人料二七〇円を上納する者などである。一八七四年の巡査の初任給が月額四円だから、代人料は富裕層への優遇措置だった。

しかし、免役対象者を定めたこの免役条項は、「国民皆兵」の原則に反するとの厳しい批判にさらされる。自由民権運動もその多くが、「軍隊の国民化」をすすめるという観点から免役条項の削除を支持した（『軍隊兵士』）。その結果、次第に縮小され、一八八九年の徴兵令の大改正によって、基本的には廃止される。

日本の陸軍は、当初はフランスの軍隊をモデルにしていた。フランスの軍隊は比較的自由主義的な性格を持つ軍隊である。それが、普仏戦争（一八七〇〜七一年）でのプロシアの勝利に影響されて、プロシアをモデルにする方針に転換する。

初期の陸軍は、国内の治安維持、反政府反乱の鎮圧などを任務とした小規模な治安警察軍的な軍隊である。しかし、その後、「富国強兵」が日本の国是となるなかで、海外での武力行使を目的とした外征軍の建設が始まる。一八八八（明治二一）年の鎮台制《ちんだいせい》から師団制への改編がその画期である。中国大陸での野戦を想定して、築城・渡河・鉄道輸送などを担当する工兵や補給を担当する輜重兵《しちょうへい》の拡充が始まるのも、このときの改編からである。当時の陸軍兵力は、六万七〇〇〇名である。

他方、海軍はイギリスをモデルにした軍隊だった。初期は志願兵によって人員を充足していたが、一八八七年からは徴兵による充足も始まる。一九〇四年の人員は、徴兵が一六〇〇名、志願兵が三〇〇〇名、合計四六〇〇名である。人員の面では、陸軍よりずっと小ぶりな軍隊だった。

表２　陸海軍現役徴集率

年	現役徴集数（a）	徴兵相当の壮丁（b）	a/b ×100
1891（明24）	20, 689	361, 422	5. 7%
98（明31）	53, 452	502, 924	10. 6%
1911（明44）	104, 803	524, 121	20. 0%
19（大８）	120, 254	615, 058	19. 6%
29（昭４）	110, 702	721, 125	15. 4%
36（昭11）	151, 144	828, 664	18. 2%

註記：徴兵相当の壮丁とは当年適齢者と前年仮決者の合計
出典：吉田裕「日本の軍隊」（朝尾直弘ほか編『岩波講座　日本通史第17巻近代２』岩波書店，1994年）

現役徴集率二〇％の実態

注意する必要があるのは、免役条項が基本的に廃止されたと言っても、現役徴集率はそれほど高くないことである。現役徴集率とは、実際に現役兵として入営する若者が、同世代の壮丁（徴兵検査を受ける義務のある満二〇歳の男子）のなかに占める割合である。表２で現役徴集率の推移をみてみよう。

日清戦争前の一八九一（明治二四）年時点での現役徴集率は、五・七％に過ぎない。必要とされた兵力数がそれほど多くなかったことに加えて、陸軍当局が少数精鋭主義の立場をとったからである。その後、日清・日露戦争後の軍拡で増加して二〇％前後となるが、大正時代の末期には軍縮が行われたため、一九二九（昭和四）年の現役徴集率は一五・四％に低下している。

同世代の若者のなかで多いときで約二〇%の若者だけが、二年もしくは三年の間、兵営生活を送ることを余儀なくされるのだから、国民のなかに不平等感が生まれるのは、ある意味で当然だった。

徴兵忌避の方法

民衆は、この徴兵制をどのように受け止めたのだろうか。

日本の場合、封建諸侯の傭兵軍と市民革命の防衛にあたる国民軍の二つの歴史的段階をスキップして、きわめて短期間のうちに徴兵制を導入したため、軍隊の国民的基盤は当初はかなり脆弱《ぜいじゃく》だった。

徴兵令が布告されると、農村では徴兵令に反対する激しい一揆が起こった。それが鎮圧されると、徴兵令の免役条項を利用した合法的な徴兵忌避が広がる。代表的なものは、「徴兵養子」である。戸主の相続人（跡継ぎ）は免役となるため、徴兵検査の前に形だけの養子縁組をして他家の相続人となるやり方である。

さらに、徴兵令の改正によって免役条項が廃止され、法の抜け穴を利用した合法的な徴兵忌避が不可能になると、非合法の徴兵忌避が横行した。代表的なものとしては、徴兵検査の前に指を切断する、絶食して体を衰弱させる、煙草《たばこ》のヤニを目にすりこんで眼病を装う、醤油を大量に飲み過剰な塩分の摂取によって心臓病を装う、逃亡して行方をくらます等々の方法をあげることができる。

また、徴兵を免れるよう、神仏に祈願することもかなり後の時代まで普通に行われていた。一九二〇（大正九）年頃作成されたと推定される水戸連隊区司令部の報告書は、次のように述べている（要旨）。

昔は「徴兵逃れ」の祈願のため、神社に「百度参り」をしたり、神官に祈禱を依頼するような「非国民」がいたと聞いているが、取り締まりが厳重となったため、現在ではそうした行為をする者は後を絶っている。しかし、徴兵検査の前日、あるいは当日の朝、各町村の神社に参拝して「徴兵安全を祈る」者が絶無でないのは遺憾である。

（「水戸連隊区管内民情風俗の概況」）

沖縄の現実、徴兵忌避者の減少

「琉球処分」によって、強権的に日本本土に編入された沖縄県では、一八九八（明治三一）年から、徴兵令が施行された。本土の徴兵令施行から二五年のタイムラグがある。沖縄の人々は本土とは異なる文化や伝統、生活習慣のなかを生きてきたため、近代的な秩序や規律が支配する軍隊生活への適応には、本土の人々以上に困難があった。「標準語」の普及も遅れたため、言葉が通じないことも大きな問題だった。

そのため、徴兵令の施行に伴って、歴史的に関係の深い清国に逃亡する者（いわゆる「脱清」）や、代理の者に徴兵検査を受検させる者など、徴兵忌避者が続出している（「沖縄における徴兵令施行と教育」）。

入営後の状況については、一九〇九年に小倉の歩兵第一四連隊に入営した中野紫葉が、同じ班にいる沖縄出身の兵士について、彼らは実にかわいそうである、「風俗、言語を異にし」、故郷を遠く離れて本土に来ている、彼らは西も東もわからないまま「内地人の中に加って言語を冒頭に覚えねばならぬ」と記している。中野によれば、沖縄出身の古参兵が「通訳」の役割を果たしていたという（『新兵生活』）。

それでも、徴兵忌避者は全国で確実に減少していった。

徴兵を免れるため、自分の身体を傷つけ、あるいは疾病を作為した者（いわゆる詐《さ》病《びょう》）、逃亡して行方をくらました者の合計は、その疑いのある者を含めると、一九一三

（大正二）年が三〇六三名、二〇年が一四四五名、二七（昭和二）年が五〇三名、さらには三六年が一五二名である。急速に減少していることがわかる（「戦前期に於ける海外渡航を利用した合法的徴兵忌避」）。

各府県や市町村の兵事行政が整備・拡充され、国家が人の移動など一人ひとりの国民を確実に捕捉できるようになったこと、学校教育や社会教育を通じて、兵役は国民の名誉ある義務だとする考え方が、社会に浸透していったことの結果である。

軍医の裁量権――高学歴者への配慮と同情

ただし、徴兵検査については、「犠牲の不平等」、「兵役負担の不平等」という問題が伏在していた。

徴兵検査を担当する軍医（帝国大学医学部卒業）には、自分と同じ高学歴の徴兵検査受検者に対する配慮や同情があった。将来日本国家を担うことになる有為のエリートが、軍隊で無意味な時間を過ごす必要などないと考える者も少なくなかった。事実、一九一四年の徴兵検査を担当した元軍医の里見三男は、次のように回想している。

私はこの徴兵検査に出動するに当り、当初の信念として、苟《いやしく》も高等教育を受けている学徒壮丁には、〔中略〕甲種合格判定は避けしむる、このため連日の身体検査で専門学校以上の学徒からは、一人の甲種合格者を作らなかった。

（『軍医時代の回想』）

徴兵検査では、身長や体重などを基準にして身体的な「格付け」が行われ、受検した一人ひとりの青年は、甲種・第一乙種・第二乙種・丙種・丁種・戊種に順次ふるい分けられる。なお、一九三九年には第三乙種が新設されている。

甲種・乙種が現役に適する者、丙種が現役には適さないが国民兵役には適する者、丁種は兵役に適さない者、戊種は翌年再検査する者である。甲・乙・丙が徴兵検査の合格者、丁種が不合格者である。現役は軍隊に入営して実際に軍務につく者のことである。国民兵役は身体が劣る者などが服する兵役であり、丙種合格のように、国民兵役に編入されることは、平時には事実上の兵役免除を意味した。

里見による発言の意味は、高等教育（専門学校・高等学校・大学）を受けた学生からは、現役兵として入営する可能性が高い甲種合格者を意図的に出さなかったということである。

こうした作為が可能になるのは、軍医の側にある種の裁量権が認められていたからだろう。徴兵検査では、「筋骨薄弱」という曖昧な理由でその青年を丙種合格にすることが可能だった。

藤井渉『障害とは何か』（二〇一七年）は、「1920年代は軍縮の影響で兵士確保が比較的不要となり、その分を「筋骨薄弱」として現役兵（甲種・乙種）から排除していたが〔中略〕「筋骨薄弱」の明確な定義はなく、その判断には幅を持たせていたようである」と指摘する。

軍医の判定に幅があることについては、医学博士の稲葉良太郎も、「体格の等位の決定には定められた標準がありますけれども、その分界は多く程度上の差異でありまして、この者を甲種にするとか、第一乙種にすると云う事柄は、検査医官の主観的認定の異なるに依って多少違うのであります」と率直に認めている（「日本壮丁に関する医学的観察」）。

この稲葉良太郎は同姓同名の別人でなければ、陸軍軍医学校の教官として栄養学の発展に貢献した人物である。

2　優良な体格と脚気問題——明治・大正期

明治の兵士——身長一六五センチ、体重六〇キロ

では、壮丁や入営してくる兵士たちは、どのような体格をしていたのだろうか。また、兵士に対する給養（兵員に食事などを提供すること）はどうなっていたのだろうか。

明治時代については、徴兵検査を受検する壮丁の平均身長・平均体重を示す資料は、管見の限り、ほとんど存在しない。『陸軍省統計年報』などに徴兵検査時のデータが記載されているが、平均身長・平均体重がわかる形に集計されていない。

手掛かりとなるのは、生命保険加入申込者の身体測定の資料である。「わが国最初のものをみることができる」とされる「明治生命保険株式会社被保険人体格統計表」によれば、一八八五（明治一八）年の加入申込者（二〇歳男子）の体格は、平均身長一五七・〇センチメートル、平均体重五三・六キログラム、比体重は三四・一四である（「日本人の体格の推移について」）。現在の日本人と比べると非常に小柄である。

表3　壮丁の平均身長・平均体重，1916〜19年

年	身長（cm）	体重（kg）	比体重（kg/cm ×100）
1916	158.5	51.80	32.68
17	158.5	51.93	32.76
18	163.0	51.84	31.80
19	158.8	51.89	32.67

出典：『陸軍省統計年報（第三十七回）』（1927年）

なお、比体重は体重を身長で割り一〇〇をかけて求めるが、この数値が下がるほど、身長は高いがやせたスリムな体型となる。逆に農民のように、身長は低いが体重は重い、がっしりした体型の青年は、比体重の数値が上がる。

『陸軍省統計年報』に壮丁の平均身長・平均体重が記載されるようになるのは、一九一六（大正五）年からである。とりあえず、一九一六年から一九年までの四年分を掲げておく（表3）。明治生命の調査と比べるならば、身長が少し伸び体重が減っていること、その結果、比体重が減少していることがわかる。都市化の進展の反映だろう。

一方、在営する兵士については、詳しいデータがある。たとえば、『陸軍省第二回統計年報』（一八八九年）によれば、師団への改編によって外征軍の建設が始まった一八八八年の時点では、全陸軍の兵士の平均身長は一六五・一五センチ、平均体重は六〇・四一キロである（年二回の検査の平均値）。

一般の壮丁と比べると兵士の体格はきわめて優良であり、ほぼ半世紀後の一九三〇年代前半の兵士の体格（後述）とほとんど変わらない。兵士の体位が優良なのは、軍隊の規模がまだそれほど大きくないため、現役徴集率がかなり低く、優良な体格の青年だけを選抜することが可能だったからだ。

もう一例あげておくと、日清戦争後の軍拡によって現役徴集率が増加した一九〇三（明治三六）年の時点でも、陸軍の兵士の平均身長は一六三・九二センチ、平均体重は五八・六五キロである（『陸軍省第十七回統計年報　衛生之部』）。

脚　気――総人員三割から四割の罹患

この時期、兵士に対する給養の面で大きな問題となっていたのは、脚気対策である。明治の初年以来、陸海軍を悩ましたのは、多数の兵員が脚気に罹患したことだった。序章でも触れたように、日清・日露戦争では、脚気病患者のなかから多数の死者を出している。

脚気の原因はビタミンB_1の不足だが、当初はその原因は不明であり伝染病説も有力だった。海軍では、一八七〇年代末から八〇年代初めにかけて、総人員の三割から四割が脚気に罹患した。大きな衝撃を受けた海軍当局は、脚気の研究に取り組み、白米中心の兵食（軍隊の食事）に原因があると判断して、一八八四（明治一七）年には兵食の改革に乗り出す。

改革の中心は、パンやビスケットの主食への採用、副食の充実である。副食では動物性たんぱく質の摂取が重視された。当時のパンは、小麦粉の精白が十分でなかったため、結果的にビタミンB_1が豊富に含まれる食材となっていた。この改革の結果、海軍では脚気病患者が激減する。

他方、陸軍当局は、白米を主食とすることにこだわり、一日六合の白米を兵士に給与し続けた。そのため、脚気の拡大を防止できなかった。しかし、経験を積むなかで、脚気防止には麦飯が有効であることが、しだいに知られるようになる。その結果、ようやく一九一三（大正二）年の陸軍給与令の改正で、一日の主食の定量が、精米四合二勺《しゃく》・精麦一合八勺に改められる。さらに、一九二九（昭和四）年には、精米をビタミンが豊富な胚芽米に変えた（『陸軍経理部よもやま話』）。これによって、脚気病患者は大きく減少する。

現代人の感覚からすれば、米麦食一日六合は、あまりに過大だろう。精米六合（九一

○グラム）を実際に炊くと、二一九〇グラム・茶碗一三杯分になるという（『海軍　肉じゃが物語』）。これは、当時の兵食は、副食物がきわめて貧困で、主食の炭水化物によって必要な熱量を確保しているからである。なお、脚気病防止のため臨時脚気病調査会が陸軍大臣の下に設置されるのが、日露戦争後の一九〇八年。同会が脚気の原因がビタミンBの不足にあるという結論を出して廃止されるのが、一九二四年のことだった。

ちなみに、兵食とは、当時の定義に従えば、「平戦両時に於ける戦闘能力の維持増進と、作戦行動とに必要なる特殊の食物」である（『日本兵食史（上）』）。はたして日本の兵食は、そうした役割を果たすことができたのだろうか。

兵士たちを魅了した白米

ここで当時の民衆の食生活について見ておこう。

近代になって白米が普及したと言っても、農村では、粟《あわ》・稗《ひえ》などの雑穀《ざっこく》、米に雑穀や大根・芋《いも》などを混ぜた「かて飯《めし》」が依然としてかなりの比重を占めていた。

内務省が一九二一（大正一〇）年から二七（昭和二）年にかけて、全国各地の農村で実施した調査によれば、農民の主食は、米食だけが全体の三二％、米と麦の混食が五八%、米・麦・雑穀・芋・かぼちゃ・大根などの混食が一〇%である(『農村保健衛生実地調査成績』)。

米が完全に主食になるのは意外に遅く、戦後の一九五〇年代後半のことである(『秘められた和食史』)。そんな食生活の現実があるだけに、主食の白米は入営してきた多くの兵士にとって、大変魅力的なものだった。軍隊に入って初めて白米を食べたという兵士もいたことに、留意する必要がある。

3 「梅干主義」の克服、パン食の採用へ

栄養学の発展——第一次世界大戦後の日本

第一次世界大戦は、一九一八(大正七)年に終わった。次の世界大戦である第二次世界大戦が始まるのは、一九三九(昭和一四)年のことである。この二つの世界大戦の間の時期は、戦間期と呼ばれる。

戦間期、特に一九二〇年代の日本は、一九二一年から二二年にかけて開催されたワシ

ントン会議が象徴するように、対外的には英米との協調外交という路線を選択した。一九二〇年には、平和維持のための国際機関として国際連盟が創設されるが、日本はその常任理事国にもなった。国内では、一九二四年の加藤高明内閣の成立によって政党内閣の時代が始まり、協調外交を国内から支えた。一九二五（大正一四）年に制定された治安維持法が、さまざまな社会運動や思想の弾圧に猛威を振るったことを忘れてはならないが、同年に普通選挙法が成立している事実が示しているように、国内政治の民主化がある程度進んだのもこの時期のことだった。

たしかに、一九三〇年代に入ると、三一年に陸軍の謀略により満州事変が開始されたことによって、協調外交は大きく後退し、政党内閣は崩壊する。とはいえ、国内体制の面では、ただちに戦時体制に移行したわけではない。

また、経済面では一九二九（昭和四）年に勃発した世界大恐慌が日本にも波及し（昭和恐慌）、深刻な不況が日本を襲っている。しかし、恐慌の打撃は深刻だったものの、満州事変後の軍需景気、農村救済のための公共土木事業の実施、輸出の拡大などによって、工業面では一九三三年頃までに、農業面でも三六年頃までには、景気は回復していく。戦前の歴史のなかでは、一九三五、三六年頃は、都市部を中心にある程度の生活の豊かさが実感された時代でもあった。

文化面では、第一次世界大戦後の日本社会では、資本主義の発展と都市化の進展のなかで、都市部を中心に大衆文化が花開いた。学術・研究の発展にも目覚ましいものがあった。

軍隊と社会との関係に注目するならば、栄養学の発展が重要だろう。第一次世界大戦中に食糧難の問題が注目されたこともあって、戦後、世界各国で栄養学が急速に発展し、日本でも栄養学の新たな知見に基づく兵食の研究・兵食の改善が進んだからである。

陸軍の兵食改善

陸軍の場合、軍医学校教官の小泉親彦《ちかひこ》が中心となって一九二〇（大正九）年から兵食の研究が始まり、代謝や栄養価などに関する研究が急速に進んだ。小泉は、一九四一年に厚生大臣に就任する軍人である。

また、陸軍糧秣本廠《りょうまつほんしょう》（食糧などの調達・製造・補給などを担当する機関）でも兵食の改善に関する研究が進み、一九二五年には陸軍省経理局長の三井清一郎を中心にして、同廠の外郭団体である糧友会が設立されている（『近代日本食物史』）。この会が発行した雑誌『糧友』は、軍隊・学校・工場などの「団体炊事の改善」を目的にした雑誌として、大きな影響力を持った。

糧秣本廠で研究の中心となった経理将校の丸本彰造（最終階級は主計少将）は、この時期、兵食について「梅干主義」の克服を強く主張している。丸本によれば「梅干主義」とは、「「何んでも腹一杯に食えばよい。品物は何でもかまわぬ。料理法なんかどうでもよい。〔中略〕食事のことに顧慮するは愚の骨頂だ。前へ前へだ。過去戦勝は梅干の握飯《にぎりめし》で勝ったのだ」と唱えるものを意味」した（「生活改善より観たる我国食事の改善事項に就《つい》て」）。丸本は、こうした陸軍の古い体質と戦おうとしたのである。

具体的な施策の面では、糧秣本廠は、一九二〇年から軍隊調理改善のための巡回指導を開始し、二六年までに全国のすべての師団をまわった。一九二三年からは、連隊などの駐屯地ごとに調理講習会を開催している。さらに、一九二七年には、歩兵部隊に団体炊事を専門にする「炊事専務兵」を採用することが決まった（『日本の軍隊』）。陸軍でも兵食の改善が確実に進み始めたのである。

この時期の兵食については、あまり具体的なデータがない。ただ、駐日英国大使館付武官からの照会に対する陸軍省副官の回答（一九二七年五月）が参考になる。

この回答によれば、兵士一日一人あたりの兵食は、定量（陸軍給与令で定められた支給量）で主食・米四合二勺、麦一合八勺（副食は各部隊で調達しているため不明）、栄養価は第三師団の場合、主食二五六九カロリー（カロリーは当時の表示法で現在のキロカロリーのこと、以下同様）、副食九一八カロリー、合計三四八七カロリーである。

また、少し後の時代のデータだが、鈴木梅太郎・井上兼雄『栄養読本』（一九三六年）によれば、陸軍の兵士一日一人あたりの定量は、平時三一六二カロリー、戦時三六四三〜三七九七カロリーである。国民一人一日あたりの熱量の摂取量は、一九三一年から三五年の平均で二〇五八カロリーだから（『日本食肉文化史』）、カロリーでみるかぎり、軍隊の食事は一般国民の食生活よりかなり充実したものだった。

一九二〇年のパン食導入

陸軍の兵食の改善で重要なことは、一九二〇（大正九）年からパン食の導入が始まったことである。

日本国内の部隊だけではなく、シベリア派遣軍でも、毎日一食のパン食が励行されている。パン食採用の理由は、陸軍の作戦予定地である満州が良質の小麦を算出する一大穀倉地帯であり、パン食を採用すれば、米食のように米を国内から後送する必要がなく、主食の現地調達が可能だったからだ。

また、米食のように、飯盒《はんごう》を使った面倒な炊飯を必要としないというメリットも大きかった。特に戦場での飯盒炊《すい》さんは、水や薪《まき》の確保や炊飯に多くの時間を要するなど、兵士にとっては大きな負担だった。さらに、冬の満州では「飯盒飯《はんごうめし》」は凍結してしまう。

兵士としてシベリア干渉戦争に従軍していた松尾勝造の日記を見てみると、戦闘間の昼食は、スープ・砂糖・じゃがいも・漬物などを副食としたパン食である。松尾は一九一九年二月一八日の日記に、パン食が「米食に比してそう美味しいとは思えない。やはり米食でなければ日本人はもてないのである」としながらも、「米を火で炊いたりする手間が省けるので、兵隊は大分暇ができ、休む時間が多いだけ夜〔戦闘や勤務で〕寝られん時はこの時を使用して昼寝する状態である」と記している（『シベリア出征日記』）。パン食は、兵士の負担軽減に大きな意味を持ったことがわかる。

こうして、一九二〇年代から三〇年代にかけて、陸軍の兵食は大きく改善された。主計監の横田章は、一九三一年の論説のなかで、「過去の軍隊炊事および給養は、これを一言にしていえば、粗末乱暴というの外ないありさまでありました」としたうえで、次のように指摘している。

大正九年〔一九二〇〕以来、炊事教育指導の結果、軍隊炊事の上に改善されたる点は枚挙にいとまなく、昔の如き粗雑乱暴の面影《おもかげ》は全然なくなりました。〔中略〕実に著しき進歩であります。十数年前に比べて実に今昔の感に堪《た》えないのであります。

（「軍隊の炊事及給養に関する所感」）

冷凍食品の導入と大型給糧艦

海軍の場合、第一次世界大戦をきっかけにして、給養体制の改革が進んだ。明治時代初期、脚気の蔓延に悩まされた海軍は、すでに、述べたように、パン食の採用など兵食の改革を積極的に推し進めた。その結果、脚気患者は激減する。その後の患者数をみてみると、日清戦争が始まった一八九四年の脚気患者は人員一〇〇〇人あたり二・六四人、一八九五年は一・三一人、日露戦争が始まった一九〇四年は一・一〇人、〇五年は一・七五人に過ぎない。

ところが、第一次世界大戦が始まり、海上交通路の保護のため、艦隊を遠くオーストラリアやアメリカにまで派遣するようになると、軍艦の乗組員のなかから脚気患者が続出する。開戦一年目の一九一四年の脚気患者は、海軍全体で人員一〇〇〇人あたり一・五三人にとどまっていたが、一五年には四・二四人に急増する。

その原因は、日本の近海で戦った日清戦争や日露戦争とは異なり、根拠地を遠く離れた遠隔地に艦隊を派遣したため、補給がほとんど途絶してしまったからである。このため、精麦・パン・新鮮な野菜や肉類の不足が深刻になった。代わりに貯蔵品から各種の缶詰を支給したが、兵員の嗜好《しこう》に合わず、実際にはかなりの量が捨てられていた。「乾麺麭《かんめんぽう》」（乾パン）も支給されたが、当時の「乾麺麭」は非常に硬く、「半分を食するのみにて咬筋の疲労を覚」え、半分以上が捨てられるというありさまだった（『大正三四年戦役　海軍医務衛生記録』第五巻）。同書は、現場の意見を紹介する形で、脚気の予防対策として、「糧食冷蔵庫の設備を完全」にすること、大きな冷蔵庫を持ち生鮮食料品を絶えず補給することができる「給糧船」の建造などを提唱している。

こうした経験に学んで、一九二〇年代後半以降、海軍の給養体制の改革が急速に進んだ。

一つは、艦船内に十分な冷却能力を持つ冷蔵庫を整備し、当時民間でも少しずつ普及し始めた肉・魚などの冷凍品を業者から購入したことである。野菜用冷蔵庫や調理機械の導入も進んだ（「海軍に於ける団体炊事の発達（上）（下）」）。

もう一つは、本格的な大型給糧艦の建造である。一九二四（大正一三）に竣工《しゅんこう》した給糧艦「間宮《まみや》」（基準排水量一万六〇〇〇トン）がそれである。「間宮」には、大型の冷蔵・冷凍庫が完備され、艦内にはパン、豆腐、納豆、羊羹《ようかん》などの加工工場まであった。

洋食の普及と充実――満州事変期

満州事変が始まっても、兵食改善の流れは変わらなかった。陸軍では、洋食（日本風の西洋料理）の採用など、副食の改善が進んだ。『糧友』第九巻第三号（一九三四年）には、「軍隊　軍艦　工場で喜ばれるお料理」という記事が掲載されている。「貴隊（艦、団、工場）で最も嗜好される食品又は調理」は何か、という編集部からのアンケートに対する回答をまとめたものである（複数回答）。

それによれば、回答のあった五八の陸海軍部隊・施設のうち、カレーライス（カレー汁、ハヤシライスとした回答を含む）あるいはカツレツをあげた部隊・施設が二〇、両者ともにあげた部隊・施設が三、オムレツあるいはシチューをあげた部隊・施設が六である（うち一つはカレーライスもあげている）。軍隊でも洋食が普及し、その人気が高いことがわかる。

国民の食生活と比較しても、兵食は充実したものだった。一九三三年に、第五師団では入営兵に対する食習慣調査を行っている。その報告書では、「地方一般の副食物は軍隊に比し、概ね単調である」、「軍隊の副食物は、地方一般に比しその使用材料豊富であって贅沢の感ある」などと指摘されている（「中国地方出身兵はどうか―食習慣調査所見」）。

戦地での兵食については、公式の記録がある。

陸軍省『満州事変陸軍衛生史』第三巻（一九三六年）によれば、関東軍（満州に展開している陸軍部隊）の兵食は、兵士一日一人あたり、主食二八三七カロリー、副食一三三七カロリー、合計四一七四カロリーである。

ただし、炭水化物は主食・副食合わせて二九九〇カロリーであり、全体の七二%が炭水化物である。ビタミンについては、同書は、脚気、夜盲症、壊血病などの発生がきわめて少数か絶無であったことから考察すれば、兵食には「相当量の各種ヴィタミンを含有しありたるものと認む」としている。先述したように、国民一人一日あたりの熱量の摂取量は、一九三一年から三五年の平均で二〇五八カロリーだから、満州事変期の戦地での兵食は、非常に充実していたことになる。

壮丁と兵士の体格

戦間期の壮丁の平均身長・平均体重については、すでに高岡裕之の研究がある（表4）。もとになる資料は、『陸軍省統計年報』、『徴兵事務摘要』である。わずかずつだが、壮丁の平均身長・平均体重は、この時期着実に増加しているのがわかる。戦間期は、身体という面から見ても比較的安定した時代だったと言えるだろう。

ただし、国民全体の保健・衛生という面では、欧米諸国と比較して、結核死亡率・乳児死亡率がきわめて高いことに留意する必要がある（表5）。

表4　壮丁平均身長・平均体重の推移，1920～35年

年	身長（cm）	体重（kg）	比体重（kg/cm ×100）
1920（大9）	158. 8	52. 04	32. 8
21	158. 8	52. 13	32. 8
22	159. 1	52. 11	32. 8
23	159. 1	52. 22	32. 8
24	159. 4	52. 36	32. 8
25	159. 4	51. 85	32. 5
26	159. 4	52. 50	32. 9
27（昭2）	159. 7	52. 48	32. 9
28	159. 6	52. 64	33. 0
29	160. 2	52. 82	33. 0
30	159. 8	52. 73	33. 0
31	160. 0	53. 01	33. 1
32	160. 0	52. 84	33. 0
33	160. 2	52. 82	33. 0
34	160. 3	52. 99	33. 1
35	160. 3	52. 95	33. 0

出典：高岡裕之『総力戦体制と「福祉国家」』（岩波書店，2011年）

表5　結核死亡率および乳児死亡率の国際比較

	1926年		1936年	
結核死亡率（都市部．1万人につき）	日本	18.7	日本	20.7
	イギリス	9.4	イギリス	7.0
	ドイツ	8.9	ドイツ	7.3
	デンマーク	7.6	デンマーク	4.7
乳児死亡率（100人につき）	日本	13.7	日本	11.7
	イギリス	6.8	イギリス	5.9
	ドイツ	9.4	ドイツ	6.6
	デンマーク	8.2	デンマーク	6.7

註記：＊1　厚生省衛生局編『昭和一三年 衛生年報』（厚生省衛生局，1940年）56-58頁から作成．＊2　1926年の各国のデータは，1926～1930年の平均値である．
出典：藤井渉『障害とは何か』（法律文化社，2017年）

表6　陸軍兵員の平均身長・平均体重，1933～37年

年	身長（cm）	体重（kg）	比体重（kg/cm ×100）
1933	164	60.69	37.01
34	165	63.74	38.63
35	164	60.94	37.16
36	164	60.86	37.11
37	164	61.05	37.23

註記：年3回の検査の平均値
出典：『陸軍省統計年報（第四十九回）』（1939年）

また、兵士の平均身長・平均体重については、一九三三年から三七年の数値を示しておく（表6）。現役徴集率が、まだそれほど高くないため、兵士の平均身長・平均体重、比体重は、壮丁のそれを大きく上回っている。

ちなみに、二〇歳の青年男子の平均体重・平均身長が大きく増加するのは、敗戦後の高度成長期以降のことである。一九七五年の二〇歳青年男子の平均身長は

一六六・九センチ、平均体重は五八・六キロ、八五年の平均身長は一七一・一センチ、平均体重は六二・四キロに増加している（『日本人のからだ―健康・身体データ集』）。

4　給養改革の限界――低タンパク質、過剰炭水化物

シベリア干渉戦争の失敗

ここまで述べてきたように、戦間期の陸海軍では、給養の面で大きな改革が行われた。しかし、そこに大きな問題が孕《はら》んでいたことも否定できない。

予算面では、中国における権益の維持・拡大を目的とした第一次世界大戦と、ロシア革命への干渉を目的としたシベリア干渉戦争とに、多額の戦費を支出したことがあげられる。

この二つの戦争の直接戦費として、臨時軍事費特別会計は、陸海軍合わせて八億八一六六万円を支出している。シベリア干渉戦争の戦費は、第一次世界大戦の戦費と区別されずに、第一次世界大戦の臨時軍事費（臨軍費）から支出されている。この臨軍費に問

接戦費である各省臨時事件費六億五〇一八万円などを加えると、戦費の合計は一五億五三七一万円となる。日露戦争の戦費は、臨時軍事費特別会計が一五億八四七万円、各省臨時事件費二億二一五八万円などで、合計一八億二六二九万円である。第一次世界大戦とシベリア干渉戦争とで、日露戦争にほぼ匹敵する戦費を消費していることになる(『日本 戦争経済史』)。

第一次世界大戦は、重砲や機関銃の大量使用、戦車・航空機・毒ガスなどの新兵器の導入、自動車による軍の機械化など、兵器と軍事組織の両面で欧米列強の軍隊の近代化を強力に推し進めた。第一次世界大戦後の日本陸海軍は、軍備の近代化が大きく立ち遅れていることを認識し、その近代化に力を注ごうとした。

しかし、欧米列強より経済的には後進国であるにもかかわらず、二つの「政略出兵」に限られた予算を消費してしまう。二つの戦争が、巨額な予算の無益な消費という点で、軍備の近代化のマイナス要因となったことは否定できない。

飯盒炊さん方式による給養

兵器の近代化だけでなく、兵站面での近代化も遅れた。陸軍の場合、特に目立つのは、戦時給養体制の立ち遅れである。

欧米では、第一次世界大戦をきっかけにして、野戦炊事車の導入が進んだ。野戦炊事車は当初は馬車だったが、次第に自動車に切り替えられていく。一人ひとりの兵士が、飯盒などを携行して各個に炊さんする方式から、前線に出動した野戦炊事車が温食を兵士に提供する方式への改革である（『作戦給養論』第一巻）。

なお、欧米の軍隊では、主食はパンやビスケットであり、スープなどの副食の煮炊きに飯盒を使用していた。日本の場合、日清戦争では、「部隊の後方で大きな陣釜《じんがま》で飯を炊き、飯包布《はんほうふ》に包んで内地から連れて行った向う鉢巻《はちまき》、法被《はっぴ》、股引《ももひき》姿の人夫〔軍夫〕が戦線の兵隊に運んで分配をした」。日露戦争では、一九〇二年に日英同盟が締結されていたため、「アルミニウム工業の発達した英国が、同盟のよしみでアルミの飯盒を日本に提供し」た。飯盒炊さん方式の始まりである。「銀色に輝き、しかも法外に軽く、手入れをしなくてもさびない」良質の飯盒だったという（川島四郎『炊飯の科学』）。日露戦争では、「飯盒二十万箇を外国より購入した」とされているので（『日露戦役給養史』第一巻）、この二〇万個がイギリスからの輸入だろう。川島は、丸本彰造と同じく陸軍糧秣本廠などで兵食の研究にあたった経理将校である。戦後は、売れっ子の栄養学者となった。

しかし、日本の陸軍は、少数の炊事自動車を導入したものの、第一次世界大戦後も飯盒による炊飯方式を、敗戦に至るまで維持し続けた。そのため、戦場の兵士たちに過度の肉体的負担を強いることになる。

飯盒炊さん方式はまた、戦場となった地域の民衆にとっても、疫病神《やくびょうがみ》だった。食事をとろうとする前線の兵士たちは、後方からの補給が不十分なこともあって、まず水と燃料を確保し、適当な燃料がないときは、民家や家財道具を打ち壊して薪を手に入れてから炊さんに入る。米や副食物も掠奪して手に入れる。

こうした蛮行が常態化したのが日中戦争だった。アジア・太平洋戦争期のことだが、野砲兵第三連隊の将校として中国戦線で従軍した大岩忠二は、次のように回想している。

私達の戦場は揚子江以南が多く、「湖南満つれば天下飢えず」と言われたように食糧にはこと欠かなかった。後方からの補給物資は弾薬のみで食糧は全部現地調達であった。〔中略〕燃料は薪を捜している暇はなく、屋内にある燃えるものは手当り次第燃してしまう。部隊の去った部落内に残っているものはなにもなく、廃屋だけである。

（『中支敗戦行　兵と軍馬を友として』）

中国の民衆は、通過した後には何も残さない蝗《いなご》のような軍隊という意味で、日本軍を「蝗《こう》軍」と呼んだ。

兵食における質の問題

さらに、改善が行われたといっても、陸海軍の兵食にも問題があった。「食の質」という面から見てみよう。

国民一人一日あたりの熱量の摂取量は、一九三一年から三五年の平均で総量二〇五八カロリーである。このうち一五九二カロリー、全体の七七・四％は、炭水化物の中心であるでんぷん質から得られたものだった（前掲『日本食肉文化史』）。国際比較で見てみると、一九三四年から三八年の平均で日本国民一人一日あたりの摂取熱量は二〇五〇カロリーである。アメリカは三二八〇カロリー、イギリスは三一一〇カロリーであり、日本を大きく上回っている。

重要なのは、動物性たんぱく質の摂取量である。動物性たんぱく質は栄養の質を示し、人の身長は、幼少期における動物性たんぱく質の摂取量で決まるといわれている。同じ一九三四年から三八年の平均で、日本国民一日一人あたりの動物性たんぱく質の摂取量は七グラムである。ところが、アメリカは五二グラム、イギリスは四四グラムであり、日本を大きく上回っている（『食生活の構造変化』）。日本人の食生活は、炭水化物に偏重しているのである。

次に兵食について、見てみよう。満州事変期の陸軍の兵食は、すでにみたように、一日一人あたり総熱量は四一七四カロリーである。総熱量は国民の食生活と比べると非常に高い。しかし、炭水化物が占める割合は、前述したように七二％であり、国民の食生活と比べて、兵食の方が少し低いだけである。つまり、炭水化物に偏重した食生活の構造は、軍隊でもほとんど変わらない。

ちなみに、兵食の主食を米麦食とパン食の「併食」とすることを主張していた丸本彰造・一等主計正は、「今日どこの工場でも寄宿舎でも飯だけは腹一杯に食べさせてやる事を団体給養の原則としています。〔軍隊でも〕副食物に経費と手間をかけるより、主食を沢山食べさす方が経済上から栄養上からズット効果的です」と語っている（「成歓に野営して将来戦を想い主食変革の緊要を痛感す」）。兵食改善の立役者であった丸本ですら、副食の改善にほとんど関心を持っていないことがわかる。

海軍の兵食については、簡単な国際比較を試みた興味深い論文がある。海軍技師だった高木真一が書いた「日本及び英・米国海軍の兵食」（一九三四年）である。

高木によれば、「米国海軍の兵食は材料は豊富で調理が多様にできて極めてアットラクチーヴ〔魅力的〕」である。蛋白質《たんぱくしつ》の量は、アメリカ海軍が最も多く、日本海軍とイギリス海軍とははほとんど差異がない。ただ、日本は魚肉中心、イギリスは牛肉・豚肉が中心である。

脂肪の量は、アメリカがイギリスの二倍、日本はイギリスの半分である。炭水化物は日本が最も多く、その次がイギリス、最も少ないのがアメリカである。海軍は、日清戦争前から、洋食の導入など、兵食の改善に熱心に取り組んできたが、炭水化物に偏重した構造そのものは国民の食生活とほとんど変わらなかったようだ。

なお、一九二〇年代後半に採用が決まった陸軍の「炊事専務兵」は、一九三六年頃まで存在が確認できるが、その後廃止されたようだ。『陸軍主計団記事』に掲載されている論説などによれば、「炊事専務兵」には上等兵の定員がついていない（兵士の階級は下から二等兵・一等兵・上等兵）。このため、上等兵に進級して除隊することを願う優秀な兵士は、上等兵に進級できない「炊事専務兵」になることを強く忌避し、各中隊からは、やる気のない「落ちこぼれ」の兵士を「炊事専務兵」に送り込んでくる傾向があった。「炊事専務兵」に上等兵の定員をつけないことは、陸軍全体としては、兵食の改善を最優先の課題とは認識していないことを示しているだろう。結局、陸軍では炊事担当の専門兵制度は確立せず、各中隊から輪番で炊事要員を提供する制度のまま終わったことになる。これに対して、海軍は烹炊員《ほうすいいん》という専門兵が炊事を担当する制度だった点に大きな違いがあった。

陸軍でのパン食のその後

最後に、パン食について見ておきたい。

陸軍では一九二〇（大正九）年以降、パン食の普及に取り組んできたが、兵士の嗜好に合わないこともあって、パン食には強い抵抗があった。第二〇師団経理部長の丸本彰造は、次のように述べている（要旨）。

国民の間では、年を追うごとにパン食が広がっているのに、陸軍全体を見てみると、パン食採用時の勢いは失われて、パン食は「稍々《やや》減退の傾向なきにしもあらず」である。〔中略〕「パンの使用回数を減少し、遂に申訳的に一ヶ月一回」というところまで出てきているのは、「頗《すこぶ》る遺憾」である。

（「軍隊主食の変革、飯パン併給制の研究実施に就て試論」）

満州事変に出動した部隊の経理将校からも、「日本人はいくらパンなどを食っても、米を食わないと腹ができたような気がいたしません」、「現今の状態としてはパンを食っても、飯を食わねば腹が承知しないようです」などといった批判の声が上がっている（「陣中炊事の苦心を語る」）。

第五師団が一九三三年の入営兵に実施した調査では、「パン食の経験のないものは四五％に達する」とされている（「入営兵の食習慣調査」）。パン食になじみのない兵士が半数近くいる以上、パン食がなかなか普及しないのは、ある意味で当然だった。

ただし、兵士がパン食を好まないと言っても、主食として、ほぼ同量の米麦食とパン食とを提供する併給制の場合は、多くの兵士が併給を支持した。

一九三七年一月、野砲兵第五連隊の下田民平・主計中尉は、一日二回の飯・パン併給制を実施したが、調査人員八一四名中、五一三名が「併給を可と」し、パンの残飯もほとんど出なかったという（「主食給与合理化に関する研究（第三報）」）。他にも同様の調査結果がある。兵士たちは、主食をパンだけにすることには抵抗したが、飯・パン併給制は受け入れ始めていたのである。背景にあるのは、日本社会におけるパン食の普及だろう。

こうした状況があるだけに、陸軍はパン食を断念しなかった。

陸軍糧秣本廠の一等主計（大尉に相当）だった阿久津正蔵は、一九三五年七月のラジオ放送で、「自分らは野戦給養上の必要から、かねがね兵食としてのパン食の研究と実行をやっているものですが、パンは人間の食物として実に優れた特質を持っています」として、農民にパン食を推奨している（『東京朝日新聞』一九三五年七月六日付）。

戦場での給養を考えれば、飯盒炊さん方式が時代遅れになっているという認識が、少なくとも陸軍の経理将校のなかにはあったのだろう。

なお、阿久津は敗戦後の一九四七年に日本パン技術者協会の会長に就任し、製パン業界の重鎮として、パン食の普及に力を注いだ。このときの普及運動には、アメリカの余剰農産物である小麦の市場を日本で拡大するという意味があった（『パンと昭和』）。

揺れる海軍のパン食――「皇軍兵食論」の登場

海軍でもパン食に対する反発が絶えなかった。兵員がパンを捨てるので、「残飯」より「残パン」の方が多いと言われたほどである。

一九二七（昭和二）年一月、海軍大臣官房は海軍部内に「麺麭食奨励に関する件」を発している。麺麭《めんぽう》とはパンのことである。この通牒は、近年、兵員の嗜好に合わないという理由で、パン食の廃止を主張する者があるが、パンを食しないことをもって「得意とするが如き弊」があるのは「論外」だとしても、パンの品質改良や副食の充実によって、兵員の嗜好に合うように改善していくのは容易なことなのだから、従来通り、パン食奨励の方針に従って指導せよと、あらためて指示している（『海軍衣糧給与法規沿革』）。

パン食を拒否することを「得意とするが如き弊」という言い方には、嗜好に合わないという理由だけでなく、欧米文化に対する反感が存在するようにも感じられる。こうしたなかで一九三五年には、海軍給与令が改正され、パンの強制支給をやめ、パン食を状況により米麦食に置き換えることが可能になった。

一九三〇（昭和五）年のロンドン海軍軍縮条約の締結をきっかけにして、海軍部内では、英米との協調を重視して、条約の締結をやむなしとする主流派（「条約派」）と、妥協を拒否し軍備の増強を求める「艦隊派」の抗争が激化する。満州事変勃発後は、「艦隊派」が主導権を握り、「条約派」の提督の追放を強行する。その結果、海軍部内にも「日本精神」を強調する国家主義的風潮が広がった。パン食の事実上の廃止は、確証はないが、あるいはこうした風潮を反映したものだったのかもしれない。

事実、「艦隊派」の主要メンバーであり、一九三四年に連合艦隊司令長官となった高橋三吉は、戦後の回想のなかで、「本年度〔一九三五年度〕から、連合艦隊においては兵員のパン食を廃止し、すべて日本食としたが、結果は大変よかった。士気の昂揚にも効果があった」と述べている（『帝国海軍　提督達の遺稿（上）小柳資料』）。

同時に、陸軍内でも変化が生じていた。一九三四年三月、軍医総監の小泉親彦が陸軍省医務局長に就任する。小泉は厚生行政への陸軍の介入の中心となり、一九三八年の厚生省の創設を主導することになる軍人である。小泉はまた、医務局長としては、「皇軍兵食」は日本固有のものでなければならないことを主張した。

一九三六年一一月、小泉医務局長は、貴族院で現代の日本社会は農村に至るまで、「誤れる欧米流栄養形式に禍せられ」、「帝国固有の気候風土や生活様式や生業態型に則することとなき翻訳文化の弊害」が累積しているとして、次のように主張している。

帝国には日本独特の栄養型があるのでありまして、気候、風土、嗜好、習性、海産、農山産物、農耕畜産関係等から、その量に於きましても、その質に於きましても皇国特有のものが存するのであります。（「国民体力の現状に就て」）

日本の固有性を重視する「皇軍兵食」論の登場である。

重要なことは、小泉の「軍陣衛生学」の最大の特徴が、「人的戦力」の強化にあったことだ。小泉によれば、日本の工業力・経済力の現状では、欧米諸国に対抗できるだけの近代的装備を保有することは難しい。したがって、列強が軽視する「人的要素」を重視し、個々の兵士の軍事的な能力を極限まで高めることによって「人的戦力」を強化し、「機械万能主義」、「物質万能主義」の欧米列強に対抗すべきだ。これが小泉「軍陣衛生学」の核心だった（前掲『総力戦体制と「福祉国家」』）。

同時にそれは、陸軍のなかに根強く存在する「歩兵万能主義」に軍事医学の側から呼応していく学説であり、日本人の「持久力」の強さを強調することによって、後述する歩兵の負担量・負担率の増加を容認する学説でもあった。

小泉は日本人の体力について、「只《ただ》一つ持久力は外国人に比して遥かに強大であります」と指摘している（前掲「国民体力の現状に就て」）。

日中関係に目を転じると、満州事変によって、日本は中国東北地方に傀儡《かいらい》国家、満州国を建設した。しかし、陸軍内の強硬派を中心にした勢力は、それに満足することなく、一九三五年に入ると華北を日本の勢力圏に組み入れることを狙って、華北分離工作を活発化させる。この華北分離工作は、火に油を注ぐように、中国における抗日ナショナリズムを高揚させ、次の戦争の新たな火種となった。

日中戦争は、もうそこまで迫っていた。

コラム②

戦場における「歯」の問題再び

前著『日本軍兵士』で明らかにしたように、日本の陸海軍は兵士の歯の治療などにあたる歯科軍医の育成を軽視し、陸軍の場合でいえば、敗戦時の歯科医将校はわずか三〇〇名に過ぎなかった。以下、ここでは「歯」の問題をもう少し見てみたい。

日本歯科医師会は、一九二四（大正一三）年以来、八回にわたり「歯科軍医」制度の創設を求める建議・上申・請願・陳情を帝国議会や陸海軍当局に行ってきた。第一次世界大戦を契機に欧米諸国が「歯科軍医」制度の創設・拡充に踏み切っていたからである。また、日中戦争では近接戦闘の激化に伴い、戦闘によって歯と顎《あご》全体を損傷する顎顔面《がくがんめん》戦傷が増加していた。そして受傷者の咀嚼《そしゃく》機能などの回復のためには、歯科医の協力が不可欠になりつつあった。

それにもかかわらず、陸海軍当局は重い腰を上げようとはしなかった。陸軍が歯科医将校制度を創設したのは一九四〇年、海軍の歯科医科士官制度の創設は四一年である。制度の発足が遅れたのは、陸海軍が歯科医療を軽視したからだったが、「学閥」の問題もあった。戦前の日本では、帝国大学には歯学部は置かれず、歯科医師の主な養成機関は私立の専門学校だった。これに対して軍医の主流は、帝国大学医学部の出身者であり、彼らは歯科医師を軽んじる傾向があった（「戦時下の歯科医学教育 第二編」）。

こうしたなかで、歯痛に悩まされる兵士は、軍隊外の民間歯科医の治療を受けるしかなかった。それは経済的にもかなりの負担だった。一九三七年九月に歩兵第一四九連隊に召集され上海戦線で従軍した五味民啓は、三八年五月一八日付の祖父宛ての手紙のなかで、「先日来《らい》から歯が痛んで困って」いる、「我慢に我慢を重ねて来」たが、「今度ばかりは医者に見てもらわないといけない」、しかし、軍隊のなかには歯科医はいないので民間の歯科医の治療を受けるしかない、としたうえで、次のように窮状を訴えている。

何分《なにぶん》上海で二、三軒しかない歯医者なので法外もなく高く、戦友から金をかりて治療しています。お祭しかも知れませんが、〔月額〕十円二十四銭の〔兵士の〕俸給では現在の物価高の上海で職務上どうしても足りません。恐れ入りますがさしあたり十五円か二十円ほど送っていただきたいと存じます。（『中国戦線九〇〇日、四二四通の手紙』）

また、兵士たちの口腔衛生に関する知識も乏しかったと考えられる。

敗戦後の調査だが、一九五七年の厚生省調査によれば、「歯を磨かない」、あるいは「時々磨く」と答えた人の割合は全体の約四〇％にもなった（『日本歯磨工業会史』）。この調査から二〇年ほど前、しかも戦場ということになれば、歯磨きの習慣を身に着けていない兵士が多数存在したと考えられる。

これに対してアメリカ陸軍には、第一次世界大戦前から歯科軍医が存在し、第一次世界大戦では一六八四名の歯科軍医が活躍した。第二次世界大戦ではさらに増加し、一九四一年一二月時点の歯科将校は二九〇五名、四四年一一月時点の歯科将校は一万五二九二名にもなる

（前掲「戦時下の歯科医学教育 第二編」）。日米間の格差にあらためて驚かされる。
イギリス軍に関しては、歯科医将校としてビルマ戦線で従軍した渡辺民衛の回想がある。渡辺は、敗戦後イギリス軍の捕虜収容所に入るが、そこで仕事を共にしたイギリス軍の歯科軍医（中佐）のことを次のように書いている。

この中佐の言動ひとつをとってみても、イギリス軍の「歯」に対する観念と日本人のそれとでは大きな違いのあることが私にはよくわかった。イギリス軍では、兵隊に月に一回の歯科検診が義務づけられている。〔中略〕もしもこの検診を怠《おこた》り、作戦中に歯痛を起こして行動に支障を来たすようなことでもあると、その兵は厳罰を科せられる。考えてみれば当然のことといえた。痛くなるたびに素人療法でごまかし、しまいにどうしようもなくなってから歯科室に駆けこむ日本人とは大変な違いである。

（『ビルマ・アッサムの死闘』）

結局、第一次世界大戦を契機にして、戦場における歯科医療の改革に着手しなかった日本陸海軍は、欧米諸国から大きく立ち遅れることになる。歯科医療の面では、この立遅れは特に顕著だったと言えるだろう。

第2章

日中全面戦争下

拡大する兵力動員

1　疲労困憊の前線――長距離行軍と睡眠の欠乏

苦闘を強いられる日本軍

一九三七（昭和一二）年七月七日、北京郊外の盧溝橋《ろこうきょう》で日中両軍の武力衝突が起こった。現地では停戦協定が成立したものの、戦闘は華北全域に拡大、八月には上海でも大規模な武力衝突が起こって、事態は日中両国の全面戦争へと発展する。

陸軍は、多数の軍隊を派遣して大規模な攻勢作戦を実施し、一九三七年一二月には首都の南京を、三八年五月には徐州を、一〇月には武漢・広東を占領した。

しかし、中国国民政府は大きな損害を受けながらも首都を重慶に移して抗戦を継続し、一九三九年末には国民政府軍の冬季攻勢が、四〇年夏には共産党軍（八路軍）による反撃（百団大戦）が始まった。以後、戦線は完全に膠着《こうちゃく》し、日本軍の軍事的侵攻能力も限界に達した。兵士の士気にも翳りが見え始めた。

教育総監部「秘　事変の教訓　第九号」（一九三九年）は、次のように述べている（要旨)。なお、教育総監部は、陸軍の教育を管轄する機関である。

戦場における陸軍幹部の死傷率が高いのは、幹部が「皇軍」〔天皇の軍隊の意〕の伝統である「率先垂範《そっせんすいはん》」の原理に基づき、先頭に立って戦闘に参加し、模範を兵士に示しているからである。しかし、子細に観察すれば、次のような要因が存在するようである。一つは、兵士の質が優良でない部隊の場合は、幹部は無理な突進をして、「露骨なる率先垂範」を行わざるを得ず、その結果、死傷率が高くなるためである。もう一つは、兵士が、「幹部の危険に対し比較的無関心」なため、幹部を掩護《えんご》して幹部の死傷を防ごうとする発想に乏しいことである。

持って回った言い方だが、要するに、幹部が危険を冒して「模範」を示さなければ突撃をためらう兵士、幹部の掩護に無関心な兵士が存在するため、幹部の死傷率が高くなるという意味である。

萎縮し「奮進」できない兵士たち

陸軍大将・宇垣一成は、戦争の早い時点でこの事実に気が付いていた。宇垣は一九三七年九月一〇日の日記に、中国戦線では将校、特に高級将校の戦死者、戦傷者が思いのほか多い、こうした事態が生じるのは、中国軍の抗戦が頑強であること、あるいは、部下が委縮して「奮進」（戦闘意欲を奮い起こして前進すること）できないことが原因だとしたうえで、「恐らく前者であり、後者ではないと信ずる。又後者なりとは信じたくない」と書いている。しかし、宇垣は何日か後に、日記のこの箇所に追記している。「最近に会見せし某氏の談によれば後者であると。実に遺憾なり矣」（『宇垣一成日記2』）。

この時期の全戦没者に占める戦病死者の割合はすでに序章で述べたが、あらためて説明すると次の通りだ。一九三七年から三九年までは、日露戦争の二六・三〇％よりかなり低い水準にとどまっていたが、四〇年には日露戦争を大きく上回る四六・二二％に、翌四一年には日露戦争の倍近い五〇・二一％に達した。過酷な戦場の現実のなかで、中国軍民の抵抗に翻弄される日本軍の姿が浮かび上がってくるようだ。

多発する戦争栄養失調症

日中戦争期の戦病（戦地での病気）には、これまでの戦争にはほとんど見られなかった新しい特徴が現れていた。

一つには、戦争栄養失調症の患者が多発したことである。

一九三八年の徐州作戦には関東軍から二個旅団（混成第二旅団と混成第一三旅団）が増派され、作戦終了後にチチハルに帰還した。帰還後、極度の痩せ、食欲不振、頑固な下痢などの症状を呈し、治療がきわめて困難な患者が続出し、多くの死亡者が出た。

陸軍では、原因はよくわからなかったものの、長期間にわたる生鮮食料品の不足、心身の過労のため、高度の栄養障害を起した戦病を、ひとまず「戦争栄養失調症」と呼ぶことにした。

「戦争栄養失調症」に関しては、原因について諸説があり、病名もなかなか一致しなかったが、その後、軍医が携行する「出動地に於ける診療方針」では、その定義は次のようなものとなった。

> 戦争に起因する特殊状況により、相当長期間に亘《わた》る栄養低下を招来しこれがため体組織並に諸臓機能に変調を来し、治療困難なる高度の羸痩《るいそう》〔極度の「やせ」〕、無気力、貧血、低血圧および徐脈〔不整脈〕等を示したるとき、これに戦争栄養失調症なる病名を使用す。
>
> （『戦争栄養失調症関係資料』）

この作戦に、混成第一三旅団の経理将校として参加した主計大尉の松村弘之は、「北支作戦出動間歩兵部隊の給養に就《つい》て」という講話のなかで、激しい追撃戦・機動戦に従事した兵士の疲労について、次のように述べている。

各隊は毎日四十粁《キロメートル》、五十五粁と云う様な行軍をして大抵宿営地に到着が晩の八時三十分か九時。それから糧秣《りょうまつ》〔食糧や軍馬の飼料《えさ》〕の受領、夕食を炊爨《すいさん》して食べ、更に翌日の朝食、昼食二食分を炊事するので、殆《ほとん》ど寝る暇がありません。そうこうする内に朝の出発となると云う具合で、殆ど睡眠が充分にとれませんでした。睡眠ができず過労の結果が、今回兵員の体力消耗、栄養恢復《かいふく》を喧《かまびす》しく云われる最大原因と思います。

飯盒炊《はんごうすい》さん方式と徒歩での行軍は、兵士にとって明らかに大きな負担になっていた。ちなみに、炊さんに必要な時間は、米麦を洗浄し炊き、蒸し終わるまでが約四〇分である（『野戦給養必携』）。前線ではさらに水や薪を探す時間が必要となる。

「殆ど老衰病の如く」

また、同じ旅団の鈴木主計大尉（名前は不明）も、激しい戦闘と行軍による疲労が兵士に与える深刻な影響について、次のように語っている。少し誇大な表現だと思われるが、この経理将校が受けた衝撃が伝わってくるようだ。

今次派遣のため兵の体力衰耗は著しく帰隊一ヶ月后《ご》の今日殆ど老衰病の如く、病因なく死忌《しき》するの数ある状況であります。原因は〔中略〕野菜類の不足のためが大なる一因であることは全然同感でありますが、なおその他にそれ以上の大原因があります。それは過労であります。〔中略〕疲労困憊その極に達し体力の消耗は言語に絶したのであります。なお一言にして申しますと、身体の組織は此《こ》の間の十日間は平常時の十年にも相当し一ヶ月は三十年にも相当し、兵は悉《ことごと》く五、六十歳の老年体の組織に変化したのであります。（「出動に伴う歩兵連隊給養の体験に就て」）

もう一つの特徴は、精神病患者の増大である。

一九四一年三月、船舶輸送司令官は陸軍大臣に、内地に還送する精神病患者の監視の

表7　還送戦病患者中に占める精神疾患患者の割合（%）

年	割合
1937	0.93
38	1.56
39	2.42
40	2.90
41	5.04
42	9.89
43	10.14
44	22.32
45	5.24

註記：1944年の数値は同書の誤植を訂正した
出典：浅井利勇編『うずもれた大戦の犠牲者』（非売品，1993年）

ため、衛生兵の増加配属を求め、理由については次のように述べている。

> 今次事変以来還（転）送患者にして船舶輸送途中自殺（主として投身）を図りたるもの未遂・既遂を合し昨年末迄に三十二名を算し、その過半は精神病（神経衰弱を含む）患者なり。これら患者中には、或は入水を図り或は凶暴性を発揮する等、之が護送は女子〔従軍看護婦〕にては困難にして特に男子を必要とす。

日本本土に還送される患者のなかで精神疾患の患者が占める割合を見たのが、表7である。アジア・太平洋戦争の開戦前では、一九四〇年から四一年にかけての増加が著しい。

2　増大する中年兵士、障害を持つ兵士

低水準の動員兵力

日中戦争の長期化に伴い、陸海軍の兵力は急速に拡大した（表8）。どのようにして、この大兵力を充足するのかが大きな問題だった。

ここで重要な意味を持ったのは、日本資本主義の後進性である。日本の場合、工業技術水準が低く大量生産方式の導入も遅れたため、多数の熟練労働力を生産現場に配置しておかなければならなかった。農業生産の面でも、労働集約的な零細農業が支配的だったため、生産を維持するためには、農業労働力を十分に確保することが必要不可欠だった。その結果、兵力動員と労働力動員との間に深刻な競合関係が生まれる。

アメリカやイギリス、ドイツと比べて、総人口に占める動員兵力の割合が低い水準にとどまったのは、そのためである。帝国議会衆議院予算委員会（秘密会）での政府委員（陸軍省軍務局長）の説明によれば、その割合は、一九四四年の時点で、ドイツが一七％、

表8　陸海軍の兵力（単位＝人）

年次	総数	陸軍	海軍
1930年	250, 000	200, 000	50, 000
31	308, 430	230, 000	78, 430
32	383, 822	300, 000	83, 822
33	438, 968	350, 000	88, 968
34	447, 069	350, 000	97, 069
35	448, 896	350, 000	98, 896
36	507, 461	400, 000	107, 461
37	634, 013	500, 000	134, 013
38	1, 159, 133	1, 000, 000	159, 133
39	1, 620, 098	1, 440, 000	180, 098
40	1, 723, 173	1, 500, 000	223, 173
41	2, 411, 359	2, 100, 000	311, 359
42	2, 829, 368	2, 400, 000	429, 368
43	3, 808, 159	3, 100, 000	708, 159
44	5, 365, 000	4, 100, 000	1, 265, 000
45	7, 193, 223	5, 500, 000	1, 693, 223

出典：東洋経済新報社編『昭和国勢総覧（下）』（東洋経済新報社，1980年）

イギリスが一二％、人口が多く動員に余裕があるアメリカでも七・五％、それに対して日本は六・三％にすぎない（『アジア・太平洋戦争』）。

つまり、生産に支障をきたさないように配慮すれば、兵力動員の面では、無理のある動員を行わざるをえないことになる。

軍隊生活未経験者の召集

兵力充足のための第一の措置は、現役兵の徴集数を増大させることである。

徴兵令に代わって、一九二七（昭和二）年に制定された兵役法は、日中戦争前の三七年二月にすでに改正されていた。陸軍は一九三六年の時点で、大規模な軍備充実計画の実施を決定し、政府の承認を得ていたからである。この兵役法改正によって、甲種・乙種合格者（現役に適するとされた者）の基準は、これまでの身長一・五五メートル以上から一・五〇メートル以上に引き下げられた。

実際には、現役兵は身長一・六五メートル以上の者から選抜されていたが、この改正で一・六〇メートル以上の者からの選抜となった。この改正によって、従来であれば、現役兵として徴集されることのなかった小柄な体格の青年の徴集が可能となったのである。

第二の措置は、現役兵の徴集の増加だけでは必要な兵員を充足できなかったため、現役を終了した後に編入される予備役に服している者、予備役終了後に編入される後備役に服している者の大量召集である。

予・後備役から召集される兵士は、年齢が高く体力も劣っているだけでなく、結婚して家庭を持っている者が多いため、士気も決して高くはなかった（なお一九四一年には、後備役は廃止され、予備役に一本化される）。

さらに、補充兵役に服役している者も大量に召集された。予備役・後備役と異なり、補充兵役に服しているのは、長期の軍隊生活を経験したことのない人々である。兵士としては、ほとんど「素人」の集団と言ってよい。

後備役の大量召集には、必要な人員の充足以外にも理由があった。日中戦争が始まると、陸軍は、ソ連との戦争にも備えなければならなかった。事実、現役兵中心の精鋭師団のかなりの部分は中国戦線には投入されず、満州などに配備されていた。このため、陸軍は後備役を中心とした多数の特設師団を新設し、現役兵中心の師団の代わりに中国戦線に投入したのである。

中国に派遣されている兵士の役種区分は、一九三八年八月現在で、現役兵が全体の一一・三%、予備役兵が二二・六%、後備役兵が四五・二%、補充役兵が二〇・九%である（『支那事変陸軍作戦〈3〉』）。二〇代末から三〇代末の年齢層の後備役兵が半数近くを占めていることにあらためて驚かされる。

以上のように、中国に派遣された日本軍は、その多くが家庭を持つ「中年兵士」の集団だった。戦争目的が不明確なまま、厳しい戦場の環境の下で、長期の従軍を余儀なくされると、彼らのなかに自暴自棄的で殺伐《さつばつ》とした空気が生まれてくるのは、ある意味で当然だった。それは日本軍による戦争犯罪の一つの土壌となった。

召集が原因の出生率低下

同時に、予・後備役の大量召集と長期間の従軍は、出生率の低下をもたらした。彼らの多くは、家庭を持つ働き盛りの壮年層だったからである。

帰国を認める本格的な休暇制度が整備されていなかったことも、低下に拍車をかけた。日本内地の人口一〇〇〇人あたりの出生数（出生率）は、日中戦争が始まった一九三七年の時点で三〇・六一人である。それが、一九三八年には二六・七〇人、三九年には二六・〇九人に低下した。

このため、陸軍中央は人口政策上の配慮から、一九三九年から四〇年にかけて予・後備役の兵士の復員（動員を解除して帰国させること）に踏み切らざるを得なくなる。長期間の従軍の結果、軍紀の弛緩が目立ち始めたことも、復員を決断させる要因となった。

この復員の結果、一九四〇年の出生率は一〇〇〇人当たり二八・九四人に、四一年は三〇・七五人に回復している（『日本人口統計集成』第一一巻）。予・後備役の兵士の大量召集には、おのずから限界があったのである。

国民兵役までも

第三の措置は、国民兵役に服している者（国民兵）の召集である。徴兵検査で現役には適さないと判定された者（丙種合格）は、第二国民兵役に編入される。第一国民兵役は後備役を終えた者などが服する兵役である。この国民兵役への編入は、平時には事実上の兵役免除を意味した。

兵役法では、戦時もしくは事変に際しては、国民兵役にある者は必要に応じ召集し得るとされてはいた。しかし、実際には国民兵役にある者は、兵籍に編入されていないため、その召集は現実には難しかった。特に、第二国民兵の場合は、平時だけでなく戦時でも召集の完全な対象外だった。それが一九四一年一一月の関連法規の改正によって、第一国民兵だけでなく第二国民兵も兵籍に編入され、必要に応じて随時召集することが可能になった（「アジア・太平洋戦争期における第二国民兵の召集」）。アジア・太平洋戦争開戦直前の改正である。そして、アジア・太平洋戦争の中期になると、第二国民兵の召集が本格化する。

この国民兵の召集は、後備役を終えた高齢の兵士、あるいは著しく体格・体力の劣る兵士が入営してくることを意味していた。

第四の措置は、一九四〇年一月に陸軍身体検査規則が改正され、徴兵検査の際の身体検査の基準が大幅に緩和されたことである。

これによって、身体もしくは精神に多少の障害があっても、軍務に支障なしと判断できる場合は、その者を現役兵として徴集することが可能になった（前掲『日本軍兵士』）。

知的障害の兵士

身体検査規則の改正は軍の内部に新たな困難をもたらした。一九四一年以降、身体に多少の障害がある兵士だけでなく、知的障害を持った兵士が入営してくることになるからである。

一九四二年の二月から六月にかけて、東部第六二部隊の一個中隊を実験部隊とし、二月入営の初年兵を被験者として、体力や健康などに関する各種の調査が実施されている。

このときに行われた知能検査では、他の中隊も合わせた被験者四三一人中、「痴愚《ちぐ》」（知能検査の成績が八〇点満点で一五点以下の者）と判定された者が六名、「魯鈍《ろどん》」（同三〇点以下）と判定された者が四六名、合計五二名であり、全体の一二・一％を占めた。報告書は、一〇年前に実施された知能検査より成績が悪化しているとして、次のように強い危機感を表明している。

智能検査成績極めて不良なるもの兵員の一割を占めある事実、殊《こと》に十数年前に軍隊胸膜炎調査会基礎調査班に於《お》いて実施せし当時と比較し、教育、文化の進歩に逆比例し、一般に成績不良、殊に当時より以上に智能低劣なる者の入隊せる事は保育上注意すべき点なりとす。

（『東部第六十二部隊に於ける保育研究報告』）

こうした兵士は軍務に適応できずに、自殺したり逃亡したりする例が少なくなかったようだ。

アジア・太平洋戦争期の事例だが、一九四二年五月、中国に駐屯していた第六〇師団の師団長は、次のような事件の発生を報告している。

一九四二年四月、分遣隊長から中隊本部への単独の連絡を命じられた独立歩兵第四七大隊のある二等兵は、列車を乗り違えて目的地に到着することができなかった。要するに「迷子」である。上官の叱責を恐れて徘徊を繰り返すうちに、脱走兵とみなされて憲兵隊に逮捕され、「検察処分」（軍法会議送り）に付せられる結果になった（「軍紀違反事項に関する件報告」）。

報告書によれば、本人は、「小学校に於て三ヶ月修学せるのみにて且愚鈍《かつぐどん》」だった。事件の原因は、「素養劣等なる兵を単独連絡に派遣したるため錯誤を生じたるに因《よ》る」とされ、中隊長は譴責《けんせき》、分遣隊長は謹慎処分に付せられている。軍隊の幹部に、知的障害者への配慮が欠如していたのである。

吃音の兵士

実態がよくわからないのは、発話障害の一つである「吃音《きつおん》」の兵士の存在である。徴兵副医官として、一九三三年度の名古屋・岐阜連隊区の徴兵検査に参加した陸軍二等軍医・阿知波五郎によれば、受検者合計一万一四三三名のうち、「吃」は二二五名で全体の二・〇％を占めていた。

また、岐阜連隊区には一八八名の「吃」の壮丁がいたが、その内訳は、「極軽症」が二三％、「軽症」が三六％、「中等症」が二九％、「重症」が一〇％、治癒が二％である。病症の程度は、「極軽症」が「対話中注意せざれば判明せざる程度」、「軽症」が「対話に妨げなき程度」、「中等症」が「聞き苦しきも対話に妨げなき程度」、「重症」が「対話に著しき妨げある程度」、「治癒《ちゆ》」が「吃の既往を有するも現在治癒せる者」である。

徴兵検査の際、「重き吃」の者は、丙種合格（事実上の兵役免除）となる。阿知波の言う「重症」が、この「重き吃」に相当するのだろう。阿知波は、吃の症状は千差万別で、徴兵検査の際の短時間の検査では容易に識別することができないとして、事前に自分の病気や障害に関する申告書を提出させることを提案している。同時に、「その際には詐病を併せて考慮すべきなり」として、吃を装う詐病を警戒している（「徴兵検査時に於ける吃の統計的観察」）。

問題は、「重き吃」とは判定されずに入営してくる兵士が、かなり存在するのではないかということである。また、陸軍身体規則の改正によって、多少の障害は容認するということになると、重度の吃の入営者は増大したと考えられる。ここでもまた、軍務への不適応によるさまざまな事件が発生していたようだ。

アジア・太平洋戦争中の一九四二年二月、駐蒙軍司令部付の主計伍長が小銃自殺した。彼はきわめて優秀な下士官だったが、「日々の点呼報告又は廉《かど》ある場合の申告報告等に際し著しく」発話が困難になるため、「毎日精神修養と吃音矯正とのため〔軍人〕勅諭《ちょくゆ》を奉読し」ていた。また、上官は腹式呼吸を実行するよう指導していた。戦前は吃音矯正のためには、腹式呼吸と発声練習が有効だと考えられていたからである。その彼が、部隊の勅諭奉読式のときに、「吃音のため立派に奉読」できず、そのことを深く恥じ入り自殺に至ったという事件である（駐蒙軍司令部「軍人の変死状況報告書」）。

軍人勅諭とは、一八八二（明治一五）年に明治天皇が陸海軍の軍人に与えた勅諭である。軍人が守るべき徳目を教え諭すという形をとりながら、日本の陸海軍は天皇自らが率いる天皇の軍隊であることを強調している点に特徴があった。「下級のものは上官の命を承ること、実は直に朕《ちん》が命を承る義なりと心得よ」という形で、上官の命令への絶対服従を天皇の権威により正当化したのもこの勅諭だった。

満州事変後は、軍人勅諭の神聖化が進み、一九三六年には除隊式の際に軍人勅諭を読み間違ったことを苦にして、ある少尉が自殺するという事件が起こっている。この主計伍長の自殺も、軍人勅諭の聖典化に伴う悲劇でもあった。

野戦衛生長官部による批判

興味を引くのは、戦争が激化し長期化するなかで、人的犠牲を意に介さない軍の体質への批判が、陸軍のなかから出てきたことである。それは、無用な損耗《そんもう》は避け、人命の損失をできるだけ減らすための対策を求める形をとった。

野戦衛生長官部は、一九四一年六月に「現地視察に伴う対策事項 衛生関係」という報告書をまとめている。そこに収録された「戦死及戦傷予防対策」が問題の文書である。野戦衛生長官部は、大本営（戦時もしくは事変の際に天皇の下に設けられる最高作戦機関）の一機関であり、長官は、軍医を統括する陸軍省医務局長の兼任である。

小泉親彦は一九三八年一二月に突然予備役に編入されており、一九四一年六月当時の医務局長は、三木良英・軍医中将である。この「現地視察に伴う対策事項 衛生関係」は、中国戦線の視察を終えた野戦衛生長官部が、対策を講ずる必要がある衛生関係の事項について整理した報告書のようである。そこでは、陸軍の無策を次のように痛烈に批判している。


戦死、戦傷死及戦傷予防に対する綜合的具体的対策は未だ中央部に於て確立しあらず〔中略〕従来これに対する系統的綜合的具体策の研究とこれが科学的施策なき結果、避け得べかりし犠牲を徒《いたずら》に重ねたる事実なかりしや〔中略〕敵の人的戦力を最大限に破摧《はさい》せんとする方策は、所謂《いわゆる》近代兵器の飛躍に依《よ》り目覚ましきものあるも、翻《ひるがえ》って我軍の人的損耗《そんもう》を最少限たらしめんとする方策に於て、如何《いか》なる対策の進歩ありたるや。　　（「戦死及戦傷予防対策」）

批判の対象になっているのは、人命の損失を顧《かえり》みない陸軍の作戦のあり方、防弾のための個人防護装備の不備、受傷後の初期治療の立ち遅れなどである。

攻撃一辺倒の作戦思想

事実、野戦衛生長官部が批判しているように、陸軍の作戦思想は常に攻撃一辺倒であり、退却を認めないなど、柔軟性を欠いていた。また精神主義的性格が色濃く、この体質は敗戦まで変わらなかった。

支那駐屯歩兵第二連隊の機関銃中隊長だった井後彰生は、「用兵の根本思想は、兵力は無用の損耗はできるだけ避ける工夫をし」、兵力の温存に努力すること、「換言すれば人命の尊重」に主眼があったはずだが、「謙虚さを欠いた不勉強」によって、高級指揮官・幕僚から下級指揮官に至るまで、そのことを全く理解せず、突撃至上主義にとらわれて、「突撃が戦術の一部に過ぎないという認識さえ」欠けていたと批判している（『征衣残影』)。

個人防護装備では、ヘルメットの問題がある。

陸軍では「鉄兜《てつかぶと》」もしくは「鉄帽」と呼ばれる。第一次世界大戦が始まったとき、参戦諸国の陸軍部隊は、布製や革製の軍帽を着用していた。しかし、激しい戦闘のなかで死傷者が続出するようになると、頭部を保護するための鋼鉄製のヘルメットが導入され、たちまちのうちにそれが標準装備となった。

これに対して日本陸軍では、ヘルメットの導入はかなり遅れ、一九二八年の山東出兵のときに、出動した兵士の一部が「鉄兜」を着用したのが最初である。また、「鉄兜」が制式採用されたのは、一九三〇年制定の「九〇式鉄兜」からである(「戦前から戦後までの鉄兜・鉄帽について」)。最も基本的な個人防護装備ですら、この状況だった。野戦衛生長官部がいら立つのも、当然だった。

受傷後の初期治療の問題では、すでに見直しの動きが始まってはいた。

陸軍の野戦病院や衛生隊の行動準則は、日露戦争の前後に制定された戦時衛生勤務令や衛生隊勤務要領によっていたが、日中戦争の長期化に伴って、従来の戦時衛生のあり方の見直しが広く認識されるようになった。

見直しのポイントは、第一線での戦傷者の救護を強化する必要があること、戦傷者には受傷後六〜八時間以内に本格的な治療を行う必要があること、この二点だった。

その結果、一九四〇年の作戦要務令第三部の制定では、各師団の患者収容隊は、戦闘に際し第一線に進出して患者の収容と野戦病院への後送にあたることが任務とされ、必要に応じて戦闘救護班を第一線に派遣し、第一線救護を強化することなどが新たに定められた。

しかし、これに対応する戦時衛生勤務令や陸軍戦時編制の改正は行われなかった。患者収容隊や戦闘救護班が実際に編成されることもほとんどなかった。各師団衛生部隊は、過酷な近代戦の現実に対応できる態勢のないままに、対英米戦に突入していくことになったのである（「衛生補給の史的考察（第6報）」）。

先に見た野戦衛生長官部による批判は的確なものだったが、陸軍首脳部がその批判を考慮した形跡はない。そこには、陸軍内における軍医（衛生部）の地位の低さという問題が潜在しているように思う。この問題については、後述することにしたい。

なお、ここで輸血の問題について、簡単に言及しておく。

前線の救命治療で有効なのは輸血である。国際的には、第一次世界大戦で抗凝固剤の有効性が確認され、保存血液による輸血がしだいに普及した。ソ連では国家主導の輸血体制が整備され、アメリカでもアジア・太平洋戦争の開戦後には、主要都市に採血窓口が設置され、メディアを利用した献血者募集キャンペーンが大々的に展開されている（「軍事史に学ぶ輸血用血液の重要性と人工血液への期待」）。

しかし、日本の場合、前線での救命治療の中心は、あくまで止血であり、輸血はほとんど普及しなかった。日本軍はこの面でも大きく立ち遅れていた。

3　統制経済へ──体格の劣化、軍服の粗悪化

総力戦の本格化、国民生活の悪化

日中戦争の全面戦争への転化に伴い、日本は総力戦の時代に突入する。

総力戦とは、第一次世界大戦で出現した新しい戦争形態である。総力戦では、これまでの戦争のように、軍隊同士の戦闘によって、戦争の勝敗が決まるのではなく、国家全体の経済力、技術力、労働力、政治力などを総合的に運用して強力な戦争指導を行うこ

とが決定的に重要な意味を持つ。

日本の場合、経済的には、日中戦争以降、全面的な統制経済に移行し、軽工業中心の日本経済を重化学工業＝軍需産業中心のものに、短期間の間に編成替えすることが最優先の課題となった。

しかし、限られた国力・経済力の下で、重化学工業化を強力に推進していくためには、輸出入を厳しく管理統制するとともに、民需産業を切り捨て、浮いた資金・資源・労働力を軍需産業に重点的に投下する政策が不可避となる。そのため軍需産業の拡充は、ただちに国民生活の悪化に直結した。

国民生活の悪化を象徴しているのは、配給制度の強権的導入である。

配給制度とは、食糧品・衣料品などの生活必需品の分配を政府が統制するために導入された制度である。政府が決めた分配量だけを政府が決めた公定価格で各家庭が購入することができた。一九四〇年六月からは六大都市で砂糖とマッチの配給制が始まり、四一年四月からは六大都市で米の配給制が始まっている。

国民生活の悪化を国民一人一日当りの栄養量で見てみよう。

アジア・太平洋戦争開戦後の一九四二年三月二日に開催された大本営政府連絡会議に

提出された資料によれば、国民一人一日当りの栄養量は、一九三一年から三五年の平均で二一九二カロリー、三七年から三九年の平均で二一五六カロリー、四〇年から四一年の平均で二〇八八カロリー、四一年第四・四半期が一八七九カロリーである。一九四〇、四一年、特に米の配給制が本格化する四一年第四・四半期の落ち込みが大きい(「国民生活確保の具体的方策　参考資料」)。

軍隊の給養——副食の品種減少、米麦食偏重

この時期の軍隊における給養、特に栄養量については、管見の限りデータが見当たらない。軍隊の給養は、国民生活よりは優先されたと考えられるので、絶対量の面では、おそらく日中戦争前から少し低下した程度だろう。

ただ、その実態を知るうえでは、戦後、元陸軍軍医大佐の石川元雄がまとめた『衛生学概説』(一九五〇年)が参考になる。石川は小泉親彦の愛弟子である。同書によれば、一九二八年一月、陸軍軍医学校は全国各地の部隊で軍隊の副食に関する実地調査を行っている。このときは、副食の品種は一週間平均四八種、最大は七二種、最小は三五種だった。なお、品種には、肉、魚介類、野菜、小麦粉などの食材だけでなく、味噌、醬油

などの調味料も含まれている。

その後、一九四一年一二月には、「内外各地三五一箇部隊の献立表」によって調査を行ったが、「一旬間」の副食は内地部隊で平均三九種に減少し、「在満部隊に於ては二一種というような貧弱な例すら生じていた」。さらに、アジア・太平洋戦争開戦後の一九四三年五月の調査では、内地部隊の副食品種は、「一旬間平均三六種」にまで減少していたという。

一九二八年調査以外品種の内訳がわからないが、副食の品種の減少は、兵食がますます米麦食に偏重し、炭水化物で必要な熱量を確保していることを意味する。兵食の質という面では、日中戦争の時期にかなりの低下があったことは間違いないだろう。

陸軍のパン食については、この時期に「赤信号」が灯《とも》った。

一九二〇年代の日本社会では、食生活の面で大きな変化が起きていた。都市部ではパン食や洋菓子が普及し、農村部でも大麦や雑穀に代わって麺類の消費が拡大する。その結果、アメリカ産・カナダ産・オーストラリア産の小麦の輸入が増大した。国内の小麦生産も増大はしたが、パンの原料に適していたのはカナダ産の小麦だった。

ところが、日中戦争勃発前後から、輸出入に対する国家統制が強化されるようになり、

「不急」の食料品とみなされた小麦（国内消費用）の輸入は事実上不可能になった（『戦前日本の小麦輸入』）。パンの生産そのものが難しくなったのである。

民間では、米不足の深刻化に伴い、「節米」のために「代用パン」が奨励されたが、これは、大豆粉、そば粉などの雑穀を混入した粗悪な「パンもどき」だった。

劣化する軍服――絨製から綿製へ

軍服についてもこの時期に質の低下が目立つ。

一九三九年五月、陸軍省副官は、陸軍部内に軍服の補給に関する通牒を発している。「被服原料資源その他の関係上」、一九三九年度より陸軍被服廠から補給する軍服のうち、内地及び中国（満州を除く）に駐屯する部隊の冬用軍服を、従来の「絨製《じゅうせい》」（毛織物）から綿製に切り替えるという内容である。陸軍被服廠は、軍服など陸軍の被服の調達・製造・補給を担当する機関である。

綿製への切り替えは、羊毛の輸入と関係している。毛織物の原料である羊毛はそのほとんどが輸入品であり、大部分はオーストラリアからの輸入だった。羊毛の輸入については、やはり日中戦争の勃発前後から国家による貿易管理が強化され、軍需用は優先されたとはいえ、輸入量はしだいに削減された。

これに追い打ちをかけたのが、一九三九年九月に勃発した第二次世界大戦である。英国政府がオーストラリア産羊毛を全面的な統制下に置き、日本向け輸出が大きく制限されたからである。綿製軍服への切り替えの背景には、こうした問題があった。

しかし、綿製の冬用軍服は、「絨製」より質の面で劣っていた。アジア・太平洋戦争開戦後の東部軍の集合教育のなかで、「衣に就《つ》いて」という論題で報告した熊沢軍医大尉は、綿製の欠点について、絨製に比べて傷みやすい、汚れが甚《はなは》だしく、すぐに黒光りして汚れが目立つ、一回の洗濯によって劣化し色も褪《あ》せる、保温力が冬用下着一着分ほど劣る、と指摘している（『秘　昭和十七年四月　健兵対策集合教育記事』第一巻）。日中戦争が長期化するなかで、軍服の粗悪化が始まっていた。

向上しない体格、弱兵の増加

この時期の壮丁の体格の推移をアジア・太平洋戦争期も含め見てみよう。

壮丁の平均身長・平均体重を記載していた『陸軍省統計年報』は、『陸軍省統計年報（四九回）』（一九三九年）を最後に編纂中止となった。軍事秘密保護を目的とした軍機保

表9　壮丁平均身長・平均体重の推移，1936〜43年

年	身長（cm）	体重（kg）	比体重（kg/cm ×100）
1936	160. 3	53. 18	33. 2
37	160. 3	53. 22	33. 2
38	160. 3	53. 25	33. 2
39	160. 5	53. 09	33. 1
40	160. 5	52. 96	33. 0
41	160. 8	53. 13	33. 0
42	160. 8	51. 57	32. 1
43	161. 3	53. 27	33. 0

出典：1936〜39年及び43年は各年の「全国徴兵事務状況」（C01001440400・C01004412900・C01004577800・C01004750100・C15120177400）より作成．1940〜42年は厚生省健民局涵養課「（第八十四回帝国議会資料）第一編　人口及体力ノ推移」（A17110003400）より作成．なお，1944年，45年は不明

護法は、日中戦争開始直後の一九三七年八月に刑罰を重くするなど全面的に改正され、陸海軍は秘密主義の度合いをいっそう強めていた。編纂中止は、そのことと関連した措置だろう。やむを得ず、各年の「全国徴兵事務状況」など、やや雑多な資料から作成したのが、表9である。

総力戦を遂行するなかで、一九三八年には社会福祉や公衆衛生などの増進を目的とする厚生省が新設され、国民の体力・体格の向上が国家的な課題となっていた。しかし、表9をみると、壮丁の体格は、平均身長が若干増加したものの、平均体重はほとんど増加せず、その結果、比体重は微減となっていることがわかる。また、地域別に見てみると、一九三九年を境に大都市部において体重の低下が顕著になっている（前掲『総力戦体制と

「福祉国家」』)。政府の施策は、期待されたような結果を出せていない。

陸軍の兵員の平均身長・平均体重は、『陸軍省統計年報』が編纂されていないため、一九三八年以降の推移を知ることができない。ただ、海軍の兵員の平均体重だけは、『海軍省統計年報(第六七回)』(一九四三年)により知ることができる。

同書によれば、一八八四(明治一七)年の平均体重は五四・七一キロである。その後確実に増加し一九三五年には六〇・〇一キロ、三六年には六〇・一二キロとなって六〇キロを超えるが、以後は、六〇キロを割り、三九年は五九・五一キロ、四〇年は五九・三九キロ、四一年は五九・五一キロと低迷している。この減少は、海軍の兵力の増大が直接の原因だろう。兵員数が増加しているため、軽量の青年でも徴集せざるをえなくなっているのである。

また、軍隊内の疾病《しっぺい》では、この時期に結核の患者が増え始めている。

陸軍の内地部隊における結核性疾患(結核及び胸膜炎)の発生数は、一九二七年から三六年までは年平均・人員一〇〇〇人当り二三・五人である。それが一九三七年度は二三・一人、三八年度は二四・一人、三九年度は四一・五人、四〇年度は四三・一人と、急速に増大している(『軍隊結核の予防及診察』)。

一般国民の食生活が悪化し、入営してくる兵士のなかに体力の劣る弱兵が増えていることの反映だろう。軍隊は、典型的な集団生活の場であり、まさに結核の温床だった。

4　日独伊三国同盟締結と対米じり貧

ドイツの大攻勢による政策転換

序章で述べたように、第二次世界大戦は、開戦後「奇妙な戦争」と呼ばれた対峙状態が続いたが、ドイツがこの均衡を打ち破る。一九四〇年四月、ドイツ軍は西ヨーロッパで攻勢作戦を開始し、ノルウェー・デンマーク・オランダ・フランスなどに次々に侵攻、六月にはパリが陥落した。

この勝利に幻惑されて、一九四〇年七月二七日の大本営政府連絡会議は、「世界情勢の推移に伴う時局処理要綱」を決定した。ドイツ・イタリアとの結束の強化、武力南進政策の採用が決定の主な柱である。さらに、この新政策の採用によって、戦争が生起する場合には、戦争相手国を極力イギリスに限定するが、対米戦の準備にも「遺憾なきを期す」とされた。対英戦だけでなく、対米戦が視野に入り始めたのである。

この連絡会議決定に基づき、一九四〇年九月に日本は日独伊三国同盟を締結し、同時に北部仏印（フランス領インドシナの北部）に武力進駐する。この新政策の背景には日中戦争の行き詰まりがあった。陸軍の親独派などは、ドイツ・イタリアとの同盟によってアメリカを牽制しつつ、東南アジアの諸地域に侵攻して日本の戦略的態勢を強化し、この行き詰まりを打開しようとしていたのである。東南アジアの占領は、石油などの重要資源の獲得が狙いだった。

資源の米英依存による新たな困難

しかし、この路線転換は新たな困難をもたらすことになった。日本の戦争経済が石油などの資源や軍需品、工作機械などの面で米英からの輸入に深く依存しているにもかかわらず、その米英との対立を深める結果となったからである。

すでに、一九三九年には異常渇水や西日本・朝鮮における旱害《かんがい》の影響もあって、これまで自給可能と考えられてきた電力・石炭・米の不足が深刻な問題になっていた。また、一九四〇年一月には日米通商航海条約が失効し、アメリカは同年六月の特殊工作機械輸出許可制、七月の屑鉄《くずてつ》と石油の輸出許可制の採用など、各種軍需品の事実上の輸出禁止措置に乗り出していた。

こうした対米関係の悪化に伴い、陸軍は石油の徹底した消費規制に乗り出すことを余儀なくされる。一九四〇年八月三〇日、陸軍次官は「石油の消費規正強化に関する件」を部内に通牒した。

アメリカからの石油輸入が途絶することを予想して、日本は国を挙げて石油の消費規制を断行することになったとして、「現保管の自動車は為《な》し得る限り速《すみやか》に各部隊に於て代用燃料車（兵器に属するものは木炭又は薪炭）に転換すること」などを指示した通牒である。

これによって、ガソリンではなく、木炭、薪炭、アルコールなどを使用する性能の劣る「代用燃料車」が増えていくことになる。

石油禁輸とジリ貧論——アジア・太平洋戦争の開戦へ

三国同盟・武力南進政策の強行は、日米関係をいっそう悪化させた。

一九四一年四月からは戦争回避を目的とした日米交渉も開始されたが、陸軍が中国からの撤兵に反対したため、妥協は容易に成立しなかった。同年七月、日本はさらに南部仏印へ進駐した。南進のための航空基地と海軍根拠地の確保が目的である。これに対抗するため、アメリカ政府は翌八月に日本に対する石油の輸出を禁止する措置をとる。この石油禁輸は日本の政府と陸海軍に大きな衝撃を与えた。日本の戦争経済は、アメリカからの石油の供給に大きく依存していたからである。

その結果、石油を絶たれて国力がじり貧になる前に、開戦を決意すべきだとする主戦論が大勢を占め、一九四一（昭和一六）年一二月八日、日本は対英米戦争に突入する。結局、日本は中国との戦争を継続しつつ、ソ連との戦争にも備え、さらには対米英戦をも開始するという国力を無視した路線を選択したのである。

もちろんアメリカを一貫して仮想敵国としてきた海軍にとっては、戦争の中心は対米戦である。しかし、陸軍はそうではなかった。

中国戦線にくぎ付けにされ続けた陸軍

陸軍の地域別兵力を見てみると（表10）、連合軍の反攻が始まった一九四二（昭和一七）年の時点でも、陸軍の全兵力の二九％は中国戦線に配備されている。対ソ戦に備え

表10　地域別陸軍兵力（単位：1000人）

1941年	%	1942年	%	1943年	%	1944年	%	1945年	%
565	27	500	21	700	24	1,210	30	2,780	43
680	32	680	29	680	23	800	20	1,200	19
700	33	700	29	600	21	460	11	780	12
155	7	500	21	920	32	1,630	40	1,640	26
2,100	100	2,380	100	2,900	100	4,100	100	6,400	100

の兵力は日本本土の兵力のなかに含まれている
監修・解説『支那事変大東亜戦争間　動員概史』（不二出版，1988年）

て満州（中国東北部）に配備されている兵力が全体の二九％である。米英との戦場である南方戦線の配備兵力は全体の二一％に過ぎない。

中国が大きな損害を蒙りながらも抗戦を継続したため、アジア・太平洋戦争の全期間を通じて、陸軍の総兵力の二割から三割が中国戦線にくぎ付けにされていたのである。その分だけ、対日戦を戦うアメリカやイギリスに対する軍事的圧力は軽減された。

一九四二年五月二八日、中国浙江省で作戦を指揮していた第一五師団長の酒井直次中将が中国軍の地雷で戦死した。陸軍の建軍以来最初の現職師団長の戦死であり、アジア・太平洋戦争最初の将官（軍の最高幹部、階級は大将・中将・少将）の戦死者だった（『大東亜戦争戦没将官列伝（陸軍・戦死編）』）。ほとんど知られていない事実だが、中国戦線の重要性を象徴する出来事である。

日本本土
中　　国
満　　州
南　　方
合　　計

註記：朝鮮・台湾
出典：大江志乃夫

前述したように、アジア・太平洋戦争開戦直前の一九四一年一一月の兵役法施行令改正によって、体格・体力が劣る第二国民兵までもが召集の対象となっていた。すでに、予・後備役、補充兵役の大量召集、身体検査基準の緩和などによって、兵士の体格・体力の低下が進んでいたが、第二国民兵の召集は、この問題をいっそう深刻なものとした。アジア・太平洋戦争の広大な戦線を支えなければならなかったのは、こうした「弱兵」たちだったから、彼らの負担には過酷なものがあった。次章ではこの問題を中心に見てみたい。

コラム③

軍人たちの遺骨

日中戦争の勃発から敗戦までに、約二三〇万名の軍人・軍属が戦没（戦死と戦病死）している。このうち日本の国外で死没した軍人の遺体の処理は、どうなっていたのだろうか。

日清戦争までは、外地で戦没した軍人の遺体は現地で埋葬した。埋葬の仕方は土葬である。戊辰戦争や西南戦争などの内戦の場合も現地埋葬である。日清戦争後に大きな転換があり、以後、戦没した軍人の遺体は現地で火葬し、遺骨を日本国内に還送することが基本原則となった。

満州事変から日中戦争の時期になると、白木の箱に収められた遺骨が国内の留守部隊まで還送され部隊葬が行われた。さらに、戦死者の出身地の市町村でも盛大な公葬が行われ、葬儀自体が戦死者を称え軍国熱を煽《あお》る場になっていく。

ところが、日中戦争が長期化し、苛烈《かれつ》な戦闘が続くようになると、遺体を火葬処理する余裕がなくなり、死者の手首や指だけを切りとり、戦闘終了後にそれを焼いて国内に還送することがしだいに一般化していく。さらに、アジア・太平洋戦争が始まり、戦局が悪化すると、遺体を戦場に遺棄するようになった。

こうして遺体の火葬、内地への遺骨の還送が困難になると、遺族は、遺骨の扱いが粗略になったとして不満を募らせた。小さな骨片だけが入った遺骨箱や実骨の入っていない「空の遺骨箱」が、遺族のもとに送られてくるようになったからである。

陸海軍当局は、戦場に赴く際には、遺骨に代わるべきものとして、あらかじめ頭髪、爪などを残していくように指導したが、「空の遺骨箱」は、遺族に戦争の虚しさを実感させた。

敗戦後、一九五二年四月のサンフランシスコ講和条約の発効によって、長い占領の時代が終わり、日本は国際社会への復帰を果たした。しかし、財政上の制約もあって、日本政府は海外に遺棄されている遺骨の収容には消極的だった。それでも遺骨の収容を求める世論に押される形で、政府は一九五二年から五七年にかけて、遺骨収集事業を実施する。これによって、一部の遺骨を「象徴遺骨」（その地域の遺骨を代表する遺骨）として収容したことで、政府は遺骨収集事業は終了したとみなした。

遺族会や戦友会などはこれに強く反発し、すべての遺骨の収容と還送を求めたため、一九六七年から七二年にかけて、第二次の収集事業が、七三年から七五年にかけて、第三次の収集事業が実施されることになる。

その後は「補完的遺骨収集」という位置付けで、細々と事業を継続し、二〇一六年には、「戦没者の遺骨収集の推進に関する法律」が制定されたが、遺骨収集事業はほとんど進んでいない。

なお、遺骨収集事業で収容の対象となるのは、原則として軍人・軍属の遺骨であり、民間人の遺骨は対象外である。

厚生労働省によれば、海外戦没者概数（沖縄・硫黄島を含む）は約二四〇万名、収容遺骨概数は二〇二三年度末で約一二八万体、未収容遺骨概数は約一一二万体、うち「海没」は約三〇万体である(『遺骨収集事業の概要』)。「海没」とは、沈没した艦船のなかに遺棄されている遺体のことである。

海外戦没者処理問題の専門家である浜井和史は、「今日なお多数の遺骨が海外に残されている最大の原因は、「国の責務／責任」を唱えながらも場当たり的な対応を繰り返してきた政府の姿勢にあったと結論づけることができるだろう」と指摘している（『戦没者遺骨収集と戦後日本』）。

第3章

アジア・太平洋戦争末期

飢える前線

1　根こそぎ動員へ——植民地兵、防衛召集、障害者

植民地から日本軍兵士へ——朝鮮・台湾から

開戦後、日本軍は、たちまちのうちに東南アジアから太平洋にかけての広大な地域を占領した。しかし、一九四二（昭和一七）年六月のミッドウェー海戦に敗北し、続いて同年八月から翌四三年二月にかけてのガダルカナル島をめぐる攻防戦にも敗北すると、攻守は完全に逆転する。

戦争経済が本格的に稼働し始めたアメリカは、戦力を飛躍的に拡充させながら、ニューギニアやソロモン諸島、中部太平洋の島々で攻勢を強め、さらに一九四四年六月から八月にかけて、マリアナ諸島を占領した。このマリアナ諸島の陥落は、日本の敗戦にとって決定的な意味を持った。マリアナ沖海戦の敗北によって海軍の機動部隊が壊滅しただけではなく、この地域を基地にした最新鋭爆撃機B29による日本本土の爆撃が可能になったからである。

その後、一九四五年八月の敗戦に至るまでの時期は、日本側の「絶望的抗戦期」である。すでに敗戦必至の状況にありながら、日本の国家指導者たちは戦争終結を決断しなかった。そのため、軍人だけではなく、多くの民間人の生命が失われることになる。

戦争が激化し長期化するなかで、陸海軍の兵力は急速に膨張していた。開戦の年、一九四一年の陸海軍の総兵力は約二四一万名、これに対して敗戦の年、一九四五年の総兵力は約七一九万名である（前掲表８）。膨張する陸海軍に必要な人員を充足するために、少年兵など、志願兵の募集が強化されるとともに、新たな措置が講じられた。

一つは、植民地からの兵力動員である。

朝鮮では、すでに一九三八年に朝鮮人の青年を対象とした陸軍特別志願兵制が創設されていたが、アジア・太平洋戦争開戦後の四三年には、あらたに海軍特別志願兵制が創設されている。「志願」とはいえ、「志願」することを強制される側面を持った制度である。

同じく台湾では、一九四二年に陸軍、四三年には海軍の特別志願兵制が創設されている。さらに、一九四二年五月の閣議は、朝鮮への徴兵制の導入を決定し、四四年から徴兵検査が始まった。台湾の場合は、徴兵制導入の閣議決定が一九四四年九月、最初の徴兵検査が四五年一月である。

なお、日本軍兵士として戦争に動員され戦没した朝鮮人と台湾人の数は、約五万名である。

防衛召集による大量召集

もう一つは、一九四二年九月に制定された陸軍防衛召集規則である。

この規則で定められた防衛召集には空襲に備えるための防空召集と、攪乱《かくらん》を目的とした敵の小部隊の上陸に備えるための警備召集の二種類があった。その後、陸軍防衛召集規則は一九四四年一〇月に改正されたが、この改正により、一七歳以上四五歳までの男子を防衛召集という形で大量に召集することが可能になった。

防衛召集による「根こそぎ動員」が実際に行われたのは、一九四五年三月末に始まった沖縄戦である。召集された防衛隊員たちは武器や軍服もほとんど与えられないまま、軍の後方支援的な土木作業などに従事し多数の死者を出した。各部隊が防衛召集と称して正式の召集令状なしに、住民を狩りだした事例も少なくない(『沖縄戦と民衆』)。

さらに、一九四二年二月の兵役法改正により徴兵適齢の引き下げが可能となり、四四年の徴兵検査は、満二〇歳だけでなく満一九歳の青年に対し検査が実施された。また、一九四三年一一月の兵役法改正では、兵役に服する年齢の上限が、満四〇歳から満四五歳に引き上げられている。

続いて本土決戦に備えるため、一九四五年六月に公布されたのが、義勇兵役法である。この法律によって、一五歳から六〇歳までの男子と一七歳から四〇歳までの女子が、あらたに義勇兵役に服することになった。義勇兵役に服している者は、必要に応じて国民義勇戦闘隊に編入されることになっていたが、実際には大部分の地域では、国民義勇戦闘隊の編成が行われないまま敗戦を迎える。

視覚障害者たちの動員開始

緊迫化する情勢のなかで、視覚障害者の動員も始まった。

戦争が本格化し長期化すると、政府は、兵力の面でも労働力の面でも、良質の人的資源の確保を重視するようになる。その結果、良質な人的資源の対極に置かれた障害者は、「無用な存在」として位置づけられ、さまざまな形で障害者の排除が進行する（前掲『障害とは何か』）。障害者の「排除」が戦時下の基本力学である。

しかし、戦局が悪化すると、障害者を戦争に直接動員する政策が始まる。つまり、障害者を「排除」するだけでなく、「包摂」しようとする力学が動き始める。この「包摂」を目的にした政策の象徴が、盲学校の生徒などを陸海軍の航空兵のためのマッサージ要員として、国内の飛行場や戦地に派遣した海軍の技療手制度（身分は軍属）だった。

一九四三年末には海軍省直轄の海軍技療手訓練所が設立されて技療手の本格的養成が始まり、四四年二月には、陸軍航空本部が陸軍の技療手の養成を海軍技療手訓練所に委《い》嘱《しょく》している（『視覚障害教育百年のあゆみ』）。全盲ではなく弱視の障害者のようだが、技療手最初の戦死者は、一九四三年九月に「北太平洋戦線」で戦死した茶木康雄である（『読売新聞』一九四四年三月一一日付）。

同時に、障害者教育の関係者が早くから視覚・聴覚・発話障害者の採用を軍に働きかけている事実も、見逃すことはできない。

九州盲聾唖《もうろうあ》学校長会議議長の福岡聾学校長・渡辺一は、一九三八年一二月七日付の陸軍大臣宛て建議書のなかで、「盲聾唖者も軍人又は軍属となりて直接御奉公の道を開かる丶様致《ようい》されたし」としている（「盲聾唖者を軍人又は軍属に採用すべき建議に関する件」）。具体的には、衛生兵のなかに加えて「盲人独特の按摩《あんま》、『マッサージ』鍼術《しんじゅつ》等」を実施させたいという提言である。

建議書末尾には、「幸に御考慮下され、一人にてもこれが実現するものあるに至りては、一般盲聾啞者の忠誠奉公の精神大に勃発するに至らむことを信ず」とある。当初は軍事的必要性からではなく、「盲聾啞者」の「忠誠奉公の精神」を喚起するための手段として構想されていたようだ。

この技療手制度については、岸博実「海軍技療手が体験した悲惨」（『前衛』二〇二四年二月号）が、その実態を詳細に明らかにしている。

強制動員されるマッサージ師たち

さらに、実態がよくわからないものの、日本国内の飛行場周辺のマッサージ師も強制的に動員されている。

千葉県野田市でマッサージ師をしていた金子浅次郎は、一九四三年のある日「何等事前の連絡もなく、突然、警察から」柏飛行場で働くよう命じられた。金子は、翌一九四四年にかけて同業のマッサージ師とともに、「毎日パイロットの体をマッサージしました」と証言する（『もうひとつの太平洋戦争』）。金子は、「生まれながらの全盲」である。

身体に障害を持った兵士も増えているはずだが、記録にほとんど出てこない。ただ、管見の限りでは、元皇族の東久邇稔彦《ひがしくになるひこ》が次のような記録を残している。
一九四四年一〇月二四日、防衛総司令官の東久邇宮稔彦・陸軍大将は、東部軍の防空演習を視察した。東久邇は、このときの見聞を次のように記している。

午前七時、東部軍司令部に行き、仮設敵機の来襲に対し、〔中略〕総合訓練状況を見る。高射砲の砲弾を運ぶ兵卒が、ビッコをひいているのをみて、私がきいてみると、防空部隊にはビッコやメッカチなど、不具者が多く召集されているというのので驚く。どういうわけかというと、優秀な兵卒はみんな第一線に出しているからで、大本営はまったく第一線主義で、国土防衛のことは考えていない。

（『一皇族の戦争日記』）

2　伝染病と「詐病」の蔓延

戦争末期の戦没者急増

開戦後、敗戦までの年次別戦没者数は、よくわからない。政府が公表しているのは、日中戦争の勃発以降、敗戦までの軍人・軍属の戦没者数約二三〇万名という概数だけである。ただ、岩手県が年次別の軍人・軍属の戦没者数を公表しているので、その数値を援用して推定してみると、約二三〇万名のうち、約二〇一万名が、一九四四年以降に戦没していることになる。全戦没者約二三〇万名の実に約八七・六％である。戦争末期の戦没者数が非常に多いのが、アジア・太平洋戦争期の大きな特質である（前掲『日本軍兵士』）。

もう一つの特質は、序章でも述べたように、全戦没者の六割以上が戦病死者だということである。その原因としては、連合軍の攻撃によって、食料・医薬品などの補給が途絶したこと、国力を無視して戦線を拡大しすぎたこと、作戦第一主義が災いして補給を軽視したこと、そして無理な徴集・召集の結果、軍隊のなかで体格、体力の劣る「弱兵」や「老兵」が大きな割合を占めていたことなどを指摘することができる。

ちなみに、データが残されている軍の事例を見てみると、戦争末期に中国に駐屯していた第二〇軍の場合、一九四四年一二月から四五年八月までの戦死者は四〇四二名、戦病死者は一万一二四六名、合計一万五二八八名、戦病死者の占める割合は全戦没者の実に七三・六%に達する（旧第二〇軍「大東亜戦争陸軍衛生史編纂資料」）。第二〇軍は、一九四五年四～五月の芷江《しこう》作戦で中国軍に敗退した軍である。

栄養失調の深刻化

この時期の戦病・戦病死について、もう少し具体的に見ていくことにしよう。

この時期の戦病死者の大部分は、栄養失調による餓死者プラス栄養失調に伴う体力消耗の結果、マラリアなどの伝染病に感染して病死した広義の餓死者だった。

陸軍の「戦争栄養失調症」についてはすでにみたが、海軍でも、アジア・太平洋戦争の末期には、栄養不足や体力の低下からくる「不馴化《ふじゅんか》性全身衰弱症」の多発が大きな問題となった。海軍軍医少佐の一色忠雄が敗戦直後にまとめた「大東亜戦争海軍衛生史実調査資料」は、これについて次のように指摘している（要旨）。

海軍の兵員の体重は、海軍に入ったのち、二、三ヵ月は軍隊生活に不慣れのため若干減少し、その後、規則正しい生活と訓練の結果しだいに増加するのが普通である。ところが一九四四年の兵員は、体重が減少したまま、いっこうに増加せず、一九四五年の酷寒期にはむしろ著しく減少し、ついには極度の栄養不良、体力衰弱のため、いわゆる「不馴化《ふじゅんか》性全身衰弱症」が多発し、多数の死亡者を出すに至った。

（『海軍医務・衛生史』第三巻）

一九四五年四月に、海軍省医務局勤務となった元海軍軍医大尉の阿部正和は、「海軍に栄養失調が出ているとあっては国民の士気に影響するところ大なるものがあるという立場から、医務局のお偉い方々は不馴化性全身衰弱症という病名をつけられた。つまり海軍という環境になじめないで、全身が衰弱してしまう、という意味である」と回想している（『淳誠会戦記』）。

しかし、杉田保軍医中佐を主任として、医務局第二課に設けられた対策班は、より踏みこんで、この病気を「不馴化性全身衰弱症という戦時型の栄養失調」だと確定した（『在りし日』）。阿部によれば、杉田中佐は「消費カロリーの増加にもかかわらず摂取カロリーが不足しているために起こる、という考え方」だった。

これに対しては、後日、民間の研究者からは蛋白質不足、つまり兵食の質の悪化が原因であるという意見が出され、カロリーの不足が主因だとする海軍側との間に激しい討論がかわされたという。

そもそも海軍には栄養失調症という病名が存在しなかった。

中部太平洋のメレヨン島は多数の餓死者を出したことで有名な島である。メレヨン島で海軍軍医大尉として勤務した森萬壽夫によれば、栄養失調の患者は、「病名を医務処理上すべて脚気として」処理した。栄養失調が「一番あてはまる」病名だと感じてはいたが、「海軍の医務制規にはそんな病名は出ていない」ため、やむなく書類上は脚気として処理した。森は「帝国海軍はそれまで食糧不足による慢性飢餓の状態を経験」したことがなかったのだから、栄養失調という病名が存在しなかったのも「仕方がないと言えばそれまでである」としている（『人間の極限』）。

西太平洋におけるアメリカ主力艦隊との艦隊決戦（戦艦を中心にした海戦）だけを目標にして、軍備の充実と訓練に励んできた海軍にとって、栄養失調症は、まさに想定外の病気だった。なお、アジア・太平洋戦争では戦艦同士の艦隊決戦は一度も生起せず、空母を中心とした機動部隊が海戦の主役となった。また、離島の争奪戦が重要な意味を持つようになり、海軍としても離島の防衛のために、多数の陸上兵力を配備しなければならなかった。

栄養失調はまた、精神疾患の原因ともなった。ウェーキ島守備隊の軍医だった宮崎俊匡・元海軍軍医少佐は、次のように回想している。ウェーキ島は、補給を絶たれ深刻な飢餓状態に陥った島である。

死にはいたらないまでも、人間の資格を放棄したものが増えたのは、事実である。全患者数、大きくいえば在島兵員の約一割が、精神異状をきたしていた。被害妄想にかられて、あらぬことを口走りながら、何処《どこ》ともなく彷徨《ほうこう》する。食い物はなし、薬はロクに貰えず、病院船もきそうにない。そんな滅亡感が、疾病に対する恐怖観念のうえに、否応なく鋭い爪あとを刻みつける。

（『黒い珊瑚礁』）

マラリアの多発

日本のマラリア研究は、植民地の台湾で研究の蓄積があり、それを北里研究所や慶應義塾大学が支える形で発展した。しかし、アジア・太平洋戦争の開戦によって、本格的な南進が始まると各地でマラリアが猛威を振るい、日本軍は感染の拡大を抑制することができなかった（『感染症の歴史学』）。

一九四三年一〇月一六日、参謀総長の杉山元・陸軍大将は、宇垣一成・陸軍大将に次のように語っている。「南方で最も恐るべきは敵よりもマラリヤである、色々と予防手段も講じて居るが、月日の経過に伴い体力が衰え結局病魔に犯さるるに至る」（『宇垣一成日記3』）。

マラリアの感染は、栄養失調とも深く関係していた。伝染病研究所の研究者で、一九四三年から四四年にかけて、陸軍の嘱託として東南アジアで伝染病の研究にあたっていた矢追秀武は、四四年八月の陸軍第四航空軍での講演「伝染病に対する抵抗力と栄養」のなかで、「伝染病に対する予防対策として栄養を完全にするという事は極めて大切で、これにより抵抗力を強め、伝染病を予防する事ができると言い得るであろう。予防接種も化学薬品も、栄養なき場合は無意味の場合がある」と指摘している。

マラリアが日本の戦力に深刻なダメージを与えていたにもかかわらず、政府や軍中央の対応は、大きく立ち遅れた。

マラリアの特効薬はキナの樹皮（キナ皮）を原材料とするキニーネであり、世界最大のキナ皮の生産地は、オランダ領東インド（現インドネシア）のジャワ島である。日本は、開戦後にジャワ島を占領し、広大な農林場を管理下に収め、キナ皮とキニーネの生産に力を注いだが、一九四四年に入ると連合軍の攻撃によって、海上交通路が寸断されたため、日本本土への輸送は困難になった。植民地の台湾でも開戦後にキナ皮の生産が本格化したが、輸送は同様に困難になった。

合成薬である抗マラリア剤の生産も行われたが、その生産は原材料が火薬の生産と競合したため、需要を満たせなかった。陸上自衛隊衛生学校編『大東亜戦争陸軍衛生史1』（一九七一年）は、「薬品殊《こと》に対マラリア抗剤と火薬との原料の競合〔中略〕等、衛生材料に対する原材料の割当は常に軽視され勝《がち》であり、又時には割除される憂き目にも遭遇したことがあった」と指摘している。

「現場」での非現実的予防対策

マラリア対策の立ち遅れの背景には、日本軍の構造的な欠陥があった。感染症予防のためには、栄養補給の問題が重要であることを強調していた矢追秀武は、敗戦直後に次のように書いている。

今にして思えば伝染病の予防対策に栄養の裏づけが飽《あ》くまで大切であることは当然のことであり、わかり切ったことでもあった。〔中略〕しかし、今まで何故それが実行に移されなかったのか、この憾《うら》みは戦時中荒川清二博士とともにデング熱〔熱帯地域に流行する感染症〕研究のために南方の国々を転々した際に一層深められたところである。かの地では栄養に関することは一切経理官の手に委ねられ、軍医の関知するところではなかった。

（『栄養と伝染病』）

矢追のこの指摘は重要である。

陸軍の将校は、歩兵・砲兵・騎兵などの戦闘部隊に属する兵科将校と、予算、経理、給養などを担当する経理部、軍医の属する衛生部などの各部将校とに区分されていた。両者の間には厳然とした区別があり差別があった。経理部将校は兵科将校の下位に置かれ差別されていたが、このことは、補給を軽視する陸軍の体質をよく示している。

同時に、各部の間にも序列があり、経理部が最上位、衛生部がその次だった。矢追が言っているのは、経理部に属する経理将校（「経理官」）が、衛生部の軍医を軽視し、その意見を重視しなかったということである。

こうした状況のため、「現場」でのマラリア予防対策はおよそ非現実的なものとなった。

ビルマに派遣されていた第五四師団捜索第五四連隊が一九四三年八月に定めた「部隊野戦防瘧《ぼうぎゃく》要領」(一九四三年八月)は、その第一項に「蚊に刺されざること」をあげている。続けて「部隊に於《お》て日常実施すべき事項左の如し」として、「入浴、沐浴、洗濯は努めて日没前に行う」、「夜間は裸体を禁じ」必ず長ズボン、ズボン下、必要ある場合には靴下を着用させる、上衣は長袖が望ましい、「厠《かわや》には蚊遣《かやり》用団扇《うちわ》を備付けるも、成るべく昼間用便に行くこと」、「日没後は努めて蚊帳《かや》の中に居り、やむを得ず蚊帳外に出る際は常に体を動かし蚊に刺されざる様《よう》注意すること」といった項目が列挙されている。

マラリアの感染は蚊が媒介するとはいえ、何とも寒々しい対策である。実効性があるとはとても考えられない。また、靴下、長袖の上衣の着用を奨励するだけで義務づけていないのは、補給が途絶えがちなため、できるだけ被服の消耗を避けたかったからだろう。

なお、蚊を追い払うための団扇については、宮古島に駐屯していた独立混成第六〇旅団の少尉だった平本和也が、「夜間蚊帳から抜け出して便所に行く者は、団扇を持って蚊を避けながら用を足すという決まりになっていた。防蚊のためということで決められていたが、それで蚊に刺されるのを防ぐということは先ず不可能だった」と記している

（『今次太平洋戦争における宮古島防衛戦に参加して』）。

米軍は、ＤＤＴ（強力な殺虫剤）の大量使用によって、蚊を駆除しマラリア予防にかなりの程度成功したが、一人ひとりの兵士も優良な防蚊装備を携行していた。将校としてニューギニア戦線で戦った篠田増雄は、アメリカ軍やオーストラリア軍の装備（野戦用の蚊帳）について次のように書いている。

> 戦利品の防蚊張《ママ》、これをはじめて手にして彼我の戦力の差に驚き、こんなに軽くしかも野戦用にどこででも眠るとき、あるいは休息のとき、簡単に四隅をロープで張れば大人一人が足を伸ばして利用できる装備品を敵は携帯していたことを知った。マラリヤを防ぐ第一は蚊に刺されぬことである。〔中略〕米豪軍は熱地作戦のセオリーを重視し個人の健康保持に格段の留意を払った点は全くうらやましい限りであった。壕の生活に伴うマラリヤ蚊の襲撃に我々は全くの無防備で過ごしたのであるから、その結果は推して知るべきである。（『前橋陸軍予備士官学校　新・戦記（上）』）

精神病の「素因」重視

戦争中の兵士の精神疾患については、近年研究が進んでいる。中村江里「戦後日本における軍事精神医学の「遺産」とトラウマの抑圧」（『シリーズ戦争と社会2』）によれば、戦時下で発生した精神疾患の原因について、日本では軍医の間でも民間の精神科医の間でも、原因はあくまで遺伝的素質や病的体質などの「素因」であり、戦争は「誘因」に過ぎないという考え方が支配的だった。

つまり、すでに発病しているか、発病する条件を持っている者が、戦場で精神疾患を発症するという考え方である。

米軍の精神科医も、当初は主な原因は「素因」にあると考えていた。しかし、精神疾患を発症する兵士が急増するなかで、一九四二年に入ると、戦場の過酷な環境の影響に目を向けるようになる。精神疾患は、「異常な」戦場の環境に対する兵士たちの「正常な」反応だという認識への移行である。その結果、重視されるようになったのが、前線での精神分析的な心理療法である。

他方、「素因」を重視する立場からは、戦場の過酷な環境下における兵士の苦悩を内面的に理解し、治療にあたろうとする姿勢は生まれないだろう。その兵士の生まれながらの素質であるとみなされた「弱さ」にしか、軍医の関心が向かないからである。陸軍の精神病院が閉鎖的で抑圧的なものとなったのは、そうした患者観の反映だと思われる。戦争の末期、中国・漢口の陸軍病院に勤務した安斉貞子は、病院の状況を次のように回想している。安斉は日本赤十字の従軍看護婦である。

この漢口病院で今も私たちの印象にのこるのは精神病患者の悲惨な姿であった。精神病室は、私たちの看護婦宿舎の直《す》ぐそばの病棟の中にあって、病室は特別堅固な、まるで営倉《えいそう》か留置場のように入口は角丸太で柵が作られ、中は鉄格子《てつごうし》で、牢獄のような作りだった。

（『野戦看護婦』）

実際、戦時下、「精神分裂症」（統合失調症）の患者による深刻な事件も起きていた。第一二軍司令官・土橋一次の「懲罰報告」（一九四二年）によれば、一九四二年八月一八日、歩兵第二一二連隊の「精神分裂症疑」の軍曹が済南陸軍病院に移送されてきた。「発作的凶暴性」を有するため、移送途中は手錠・足錠を装着し、到着後は、錠を外し裸にして精神病室に収容した。翌一九日、軍医中尉が診察のため開錠して入室すると、軍曹は突然軍医を殴りつけて脱走し、「猛虎と化」して付近にあった鉄棒で追跡してきた歩哨一名と軍医中尉を撲殺、病室などの窓ガラス三七枚を打ち割った。本人も「狂《きょう》奔《ほん》中に」頭に受けた傷が原因で死亡している。

この報告書の作成者は、きわめて「稀有《けう》」な事件だが、精神病患者の取り扱い上、重大な示唆を与えるとして、「精神病患者は如何《いか》に温柔に見えるも一瞬の油断あるべからず」、「陸軍病院には必らず手錠を備付け、疑わしき患者には精神病室内と雖《いえど》も手錠の装着を忘るべからず」と記している。

兵士の苦悩に対する内面的理解が欠けている状況のなかでは、こうした事件の発生は、患者への強圧的な取り扱いをいっそう強化したと考えられる。

詐病の摘発

そもそも、軍医と戦傷病兵の間には強い権力関係があった。軍医の重要な仕事の一つが詐病の摘発だったからである。特に精神病の場合は、詐病かどうかの判定が難しいため、軍医による診断はいきおい強権的性格を帯びた。

一九二〇年代の論文のなかで、島田稲水・海軍軍医大尉は、最近海軍内で「精神病的疾患」が増加しているが、そのなかには「詐病者」が少なくないとしたうえで、以前は

「精神病の詐病診断法」として、「殴打、飢餓、首枷《くびかせ》等」により「自白」を強いる「威嚇《いかく》法」が行われていたが、このやり方は無意味であり、「脅迫によらざる告白」を促す方法が適切であるとして、自分の診療法を紹介している（「呉海軍病院に於て実験せる精神病詐病に就て」）。

この論文によると、暴力や拘束、あるいは食事を与えないという方法で、「自白」を強制するやり方がかなり行われていたようである。なお、島田によれば、詐病を「告白」したある患者は頭髪をぼうぼうにのばし顎髭《あごひげ》を蓄え、「『南無阿弥陀仏』と記せる御守札を紐《ひも》にて頭にくくり」、よろめきながら診察室に来室したという。軍務から逃れようとする患者の執念が伝わってくる。

こうした患者との間の権力関係は、その後も、基本的には変化がなかった。一九三八年に召集され、国府台陸軍病院（精神病の専門病院）に勤務した加藤正明は、次のように回想している。

当時精神科では薬物療法も確立せず、電気ショック療法ぐらいで、精神療法も森田療法だけであった。戦争神経症とされた患者は一種の偽病扱いされて手荒く扱われて来たので、医師と話合う状況にはならなかった。召集されたばかりの開業医が、回診後に病室を出るとき、「お大事に」と言って出たところ、四〇人ぐらいいた患者がどっと笑い出した。それは考えられない挨拶であり、患者になめられないように気合をかけているのが、普通の軍医だったのである。（『流木』）

開業医出身の軍医が何気なく発した「お大事に」という言葉は、権力関係が支配する病室にはおよそ似つかわしくないものだったのである。

詐病の増大

ここで詐病について、あらためて触れておきたい。現実の問題として、戦局が悪化すると、詐病によって軍務を免れようとする兵士が増えてくるのは確かである。一九三七年から敗戦まで中国戦線で従軍した日赤の従軍看護婦、石本茂は、次のように回想している。

日中戦争初期のころは、患者たちの間では一日も早く原隊復帰〔前線の自分の部隊にもどること」を望む姿が目立っていました。ところが、戦況がドロ沼化してくると、原隊復帰が間近に迫った患者たちの間では「手が曲がらない」「激しい頭痛がとれない」などと仮病を使う人たちが増えてきました。〔中略〕それに病院から脱走を試みる傷病兵も出てきたのです。

（『紅そめし草の色』）

一九四三年八月、大村海軍病院の内科長になった海軍軍医中佐の一瀬春駒も、外地から帰還した患者のなかには、「病状を誇大に訴えるもの、純然たる詐病と思われるものも結構見受けられた。特に「痛い」を主訴とする神経痛、関節炎の系統のものに多い」と回想している（『濤聲』）。

神経痛や関節炎の詐病が多かったのは、詐病かどうかの判定が難しかったからだろう。そのため、軍医も常に疑いの目を向けたようだ。

中国の臨汾陸軍病院付の北田康一・陸軍軍医少尉の調査報告書、「山西南部各部隊に発生せる神経痛患者に就て」（一九四一年）は、「〔軍医には〕神経痛と言えば詐病を連想するの傾向あり」と指摘している。

詐病については、兵士の側からの証言もある。戦後、作家となる野口冨士男は、一九四四年九月、海軍に召集された。第二国民兵役、三三歳の「弱兵」である。召集後すぐに栄養失調となり海軍病院に入院するが、病院は退院を拒み入院を長引かせるために苦心惨憺《さんたん》する兵士であふれていた。仮病を使っていたある少年兵について、野口は次のように書いている。海戦で乗っていた艦船が沈没し戦争恐怖症となった少年兵である。

そんな体験をもっていた以上、二度と前線へは送り出されたくないという彼の心中も首肯《しゅこう》できたが、「欲しがりません勝つまでは」という、あの有名な戦意昂揚の標語をもじって、「出たがりません勝つまでは」という入院患者に共通の合言葉を私に教えてくれたのも、その若い上等兵であった。この合言葉の底に重たくよどんでいた厭戦《えんせん》の精神は、全入院患者の上に支配的であった。（『海軍日記』）

戦力を大きく削ぐ皮膚感染症

話を戦病に戻そう。戦病については、疥癬《かいせん》・白癬《しらくも》（水虫やたむし）など皮膚感染症も深刻な問題だった。中国戦線で従軍し一等兵で敗戦を迎えた石井一は、「カイカイ病」について、次のように回想している。

泥と汗にまみれて血みどろの戦に挑む歴戦の勇士も、夜な夜な苦しみ悩んだのが、通称カイカイ病と呼ばれた皮膚病であった。〔中略〕。地方用語で言うところの、ヒゼン、カイセン、インキン、タムシなどを足して四で割ったような疾病である。〔中略〕野戦で、この病気にかからない者はほとんどないというくらい、よくかかるのである。〔中略〕始末の悪いことに、ようやく眠りに入り、身体がじんわり温まってくると、無性に「カイ」のだ。

(『はみだし兵の中国転戦記』)

また、先述の旧第二〇軍「大東亜戦争陸軍衛生史編纂資料」も、戦争末期の状況について、「さらに皮膚病中、疥癬《かいせん》はその大部を占め虱《しらみ》と共に苦脳の種となり、多きは全員悉《ことごと》く疥癬患者なる部隊あり」としている。

海軍の場合は、海防艦のような小艦艇でこの問題が深刻だった。海防艦とはアジア・太平洋戦争の末期に急造・量産された船団護衛用の小艦艇である。小艦艇のため、真水の搭載が極端に制限され、航海中の入浴は不可能であり、洗濯もほとんどできなかった。具体的に見てみよう。第四号海防艦では、疥癬やそれが原因の皮膚潰瘍《かいよう》などが蔓延《まんえん》し、軽度の疥癬・白癬・湿疹の罹患患者は乗員の半数以上に及んだ。第四号海防艦「昭和二十年一月 戦時医事月報」は、「現在にありても搔痒《そうよう》の安眠妨害による体力、注意力の低下は、直接戦闘力の低下として憂慮すべ」き状態にあるとして、「至急〔中略〕根本的対策の実施を希望」している。戦力を大きく削ぐほど、皮膚感染症は深刻だった。

ただし、真水の支給という問題では、将校と下士官・兵士との間に大きな差別があった。

主計中尉として、第一九号海防艦に乗り組んでいた北尾謙三は、「航海中は洗濯・入浴はもちろんできない。全員着のみ着のまま、波と汗で服がずぶぬれになっても、着がえることもできない。自然に乾くのを待つのみである。真水は貴重品で、士官でも一日二リットル程度、下士官・兵には毎日の配給はない」と率直に書いている（「海防艦かく戦えり」）。後述する「犠牲の不平等」である。

ちなみに、久留米医科大学の調査によれば、敗戦後は復員兵が疥癬を地域に持ち帰り、疥癬の大流行を引き起こしている（「久留米医大皮泌科十九年間の統計から観たる戦争と疥癬」）。

3 離島守備隊の惨状

「自給自足の態勢」強化の指示

戦局の悪化に伴い食糧生産も大きく落ち込み、国民の食生活は急速に悪化した。国民一人一日当りの熱量供給量は、一九三七年の二一一五カロリーに対し、四二年は一九七一カロリー、四三年は一九六一カロリー、四四年は一九二七カロリー、四五年は一七九三カロリー、敗戦後の四六年は一四四九カロリーにまで低下した（『日本経済史4』）。

軍隊における給養については、データが非常に乏しいが、敗戦後の一九四五年九月に陸軍省医務局がGHQに提出した報告書、「日本武装軍の健康に関する報告」が参考になる。

この報告書によれば、兵士一人に対する一日の給養は、内地部隊の場合、一人一日三四〇〇カロリーを標準としていたが、戦局の悪化と共に国内の食糧事情が逼迫《ひっぱく》したため、一九四四年九月以降、合計二九〇〇カロリーに減じられ、それも、「実際給養熱量」は、二八〇〇カロリーを平均値として、地域によって五〇〇カロリー程度の差異を示したという（「アジア・太平洋戦争の戦場と兵士」）。

残されている通牒《つうちょう》から見ると、一九四四年五月に陸軍次官は、「食糧等の節用に関する件」を通知している。これによれば、内地、朝鮮、台湾、満州にある陸軍部隊の一人一日あたりの主食の定量は、精米に代えて玄米五四〇グラム、精麦一六五グラム、合計七〇五グラムであり、この定量の一割を雑穀または諸類《しょるい》（さつまいもなど）をもって「代用するを本則とす」と定められている。

一九四二年の定量は、精米六〇〇グラム、精麦一八六グラム、合計七八六グラムだから、八一グラムの減額である。ただし、右の「日本武装軍の健康に関する報告」が「実際給養熱量」に言及しているように、定量通りの支給が行われたかどうか疑わしい。また、雑穀や諸による代用は、米食に強い憧れを持つ兵士に大きなショックを与えたことだろう。なお、定量の表記は、一九二九年以降、尺貫法からメートル法に改められている。

こうしたなかで、一九四五年一月一五日には、陸軍次官が通牒を発し（陸密第一四九号）、「近時内地部隊に於て兵員の体力減退し甚しきは多数の栄養失調者を出し、部隊戦力の要求上、憂慮に堪《た》えざるものあるに至れり」として、各部隊における「自給自足の態勢」の強化などを指示した。

この陸密第一四九号を受けて、一月二六日に陸軍省副官が発した「食糧自活実施要領に関する件」では、「自活基準」が示され、内地部隊では主食・野菜・肉類の所要量のうち、それぞれ一〇％、三〇％、五％を各部隊の農作業により取得することが指示されている。

内地部隊は、本土決戦に向けての陣地構築や訓練を行いつつ、農作業にも従事しなければならなかった。これは、そもそも実行不可能な要求だった。

不十分なままの海軍の給養

海軍の場合、データが見当たらない。しかし、給糧艦については、「間宮」に続いて、「伊良湖《いらこ》」(九六〇〇トン)がアジア・太平洋戦争開戦直前に完成しただけで、その後は数隻の小型給糧艦の建造にとどまった(『輸送艦 給糧艦 測量艦 標的艦 他』)。

すでに述べたように、海軍は一九二〇年代後半以降、冷凍魚などの冷凍品の購入を積極的に進め、民間業者にも食糧品を冷凍して納入することを強く求めてきた。しかし、日本における凍結水産物の年間生産高は、一九四一年には年産一三万九〇〇〇トンを記録したものの、四四年には六万七〇〇〇トンにまで減少している（『冷たいおいしさの誕生―日本冷蔵庫100年』）。こうしたなかで戦争末期には海軍でも、先述したように、「不馴化性全身衰弱症」などの栄養失調が深刻になったのである。

さらに原文を確認できないが、敗戦直前の一九四五年八月一日には、「カロリーを消費しないよう意味のない動作、駆け足などをしないこと」などを求めた海軍次官の通牒が出されているという（『真珠湾攻撃でパイロットは何を食べて出撃したのか』）。

兵員の体格劣化、栄養失調による死者

さらに、米軍によって制空権・制海権を完全に掌握され、補給が途絶して戦線の後方に取り残された島々では、守備隊の飢えが深刻なものとなった。

マーシャル諸島・ウオッゼ島の海軍守備隊では、当初の食糧の規定量は一日米七二〇グラム（四・八合）だった。それが、一九四四年三月から三割減食となり、四五年二月からは一日わずか七〇グラム（〇・五合）となる。その結果、栄養失調による死者が続出した。ただし、一九四五年一月頃から准士官以上の幹部には、ひそかに乾パンの特配が始まっている（『ウオッゼ島籠城六百日』）。ここでも「犠牲の不平等」がある。

食糧不足に悩まされた離島の守備隊では、「現地自活」の方針を掲げて農地の造成と食糧増産に力を注いだが、上級司令部が戦闘第一主義の立場に立って戦闘訓練を優先させたところでは、食糧の増産が立ち遅れた。

パラオ諸島に駐屯していた歩兵第五九連隊では、一九四四年末から食糧事情が悪化し、四五年に入ると、兵員の体格の低下も目立ってきた。しかし、パラオ地区集団司令部は本格的な農業生産への移行に消極的だった。

歩兵第五九連隊の井上英雄は、集団司令部を批判して、「集団司令部としては、第一線部隊は訓練に徹底すべきで、農耕などに力を注ぐべからずとの強い方針であった」ため、農耕開始の時期が遅れ、多数の「栄養失調死亡者」を出す結果になったとしている（『栄光の五九連隊』）。

違法な軍法会議と抗争

飢餓が深刻になると、限られた食糧の配分をめぐる対立、飢えた兵士による盗み、食糧の強奪、強奪を阻止するための実力行使などが頻発し、陸海軍内部における対立や抗争が顕在化した。

盗みや強奪をした兵士に対する「厳重処分」(死刑)も各地で行われた。正式の軍法会議の手続きを踏まず、違法な「略式裁判」によって、殺害している例も少なくない。

ウオッゼ島の第六四警備隊主計長だった北島秀治郎は、逃亡兵が続出し人肉食も発生するなかで、「第四艦隊に打電し、承認を受け現地で法務官不在の軍法会議を開催、人を裁く資格も知識もない私も、生まれて初めて法務官の職を執る。ウ島の現状を考え、軍規維持のため悲しい刑を言い渡し、刑を執行する光景はとても書けない」と回想している(『思い出―海軍と人と』)。

法務官は、軍の法律専門家で軍法会議の正式の構成メンバーであり、法務官を欠いた軍法会議は違法である。ウオッゼ島では、法務官の資格を持たない一般将校が法務官を代行していたことになる。同様の事例はフィリピンなどでも数多くみられる(『戦場の軍法会議』)。

食糧をめぐる陸海軍の対立

食糧の組織的な強奪については、ニューギニアに派遣され深刻な飢餓に苦しんだ第五一師団の経理部員、岩田重雄が、次のように回想している。

さらにウエワク野戦倉庫長時代、〔食糧を保管する〕野戦倉庫の周囲には鉄条網を張り巡らせ、警戒に当っているのであるが、これは敵の攻撃よりも寧《むし》ろ友軍からの防禦が主眼であった。最初は遅留兵〔撤退する本隊から落伍した兵士〕らしき小人数で散発的であったが、次第に様相が変り、ウエワク撤収が近づく頃になると、組織的となり、所属不明の小部隊単位で、夜間鉄線鋏《てっせんきょう》まで用意して来て、鉄条網を切断して、糧食略奪に来るのである。発見されると時には発砲して威嚇《いかく》の上、平然と引揚げて行くこともある。相当の軍紀紊乱《ぐんきぶんらん》もあったのである。

（『基部隊（第五十一師団）作戦給養行動記録』）

陸海軍の守備隊が同じ島に駐屯している場合は、陸海軍間の対立も深刻なものとなった。

マーシャル諸島のミレー島では、補給が途絶える前に島に進駐していた海軍の部隊はかなりの食糧を備蓄していた。補給が途絶えてから進駐した陸軍の部隊は飢えに苦しみ、海軍の食糧を盗もうとした。これに対して、海軍の部隊は三度誰何《すいか》（相手が誰であるかを問いただすこと）して答えがない場合は、躊躇《ちゅうちょ》することなく発砲するという強硬方針を取った。盗みに入った陸軍の兵士は捕まることを恐れて誰何に応じないため、銃撃されることになる。

当時、歩兵第一〇七連隊の兵士だった小川力松は、取材に対して「泥棒の寄り集まりや日本の兵隊、味方同士の戦争やったミレー島は。〔中略〕食物の戦争してお互いに殺し合いや」と絞り出すような声で語っている（「シリーズ証言記録 兵士たちの戦争 飢餓の島 味方同士の戦場」）。

4　かけ声ばかりの本土決戦準備——日米の体格差

野草、貝類、昆虫……

米軍の攻勢が強化されるなか、沖縄には防衛体制を固めるため、一九四四年の夏に日本軍の大部隊が進駐した。進駐した兵士たちは、農作物を荒らし、鶏や豚を強奪するなど、あたかも占領地であるかのような行動を繰り返し、住民の反感を買った（前掲『沖縄戦と民衆』)。

他方、米軍は一九四四年一〇月にフィリピンのレイテ島に上陸、翌四五年一月にはルソン島に上陸してフィリピンを制圧し、日本本土と東南アジアとの間の海上交通路を完全に遮断した。徹底抗戦を主張する陸海軍は、一九四五年一月に「帝国陸海軍作戦計画大綱」を決定し、昭和天皇の裁可(承認)を得て、強引に本土決戦準備を進めた。

満州などに駐屯する部隊からの転用、新設部隊の動員が相次ぎ、米軍の上陸が予想される南九州や関東地方には多数の部隊が進駐した。特に新設部隊の場合は兵器だけでなく、軍靴や飯盒、水筒などの基本的装具すら兵士に行き渡らなかった。同時に多数の部隊の進駐によって、陸海軍内でも食糧不足が深刻化する。これらの地方には、陸海軍の需要を満たすだけの農業生産力はすでになかったからである。

この時期に、陸軍省兵務課のある課員が書いた論説、「困難なる食糧事情下に於ける健兵対策」(一九四五年)は、これまでの考え方を根本的に転換し、野草、貝類、昆虫など、これまで食品とは考えてこなかった「未利用諸物資の食品化」を提唱している。

民間に比べれば豊富な食糧を保有していた陸海軍でも、本土決戦用に多数の食糧を備蓄しておかなければならない事情もあって、食糧不足が深刻化していたのである。先述した一九四五年一月の陸軍次官の通牒も、「自給自足の態勢」の強化とともに、「未利用の諸物資を食品化する」ことを指示していた。

「こんな軍隊で勝てるのだろうか」

重要なことは、飢えた兵士たちの行動が、国民との間に摩擦や軋轢を生み、「皇軍」の威信を低下させたことである。

作家の添田知道（現在の東京都大田区に在住）は、本土決戦用部隊の状況について、千葉県から帰った知人から、「房州（現千葉県南部）、兵隊でいっぱい。兵隊が食料あさりをしているので、物資はなにもないそうだ」という話を聞きこんでいる。一九四五年六月六日のことである。

続いて七月四日には、兵士が近所の住人に握り飯をせがんだという話を聞いて、「兵隊たちはいつも農家を順ぐりに貰って歩いているといったそうだ。大陸や南方の話ではない。内地でも既に匪賊《ひぞく》化の徴《ちょう》が著しい」と日記に書きつけている（『空襲下日記』）。「匪賊」とは、盗賊の集団というほどの意味である。

また、一九四五年四月に富山県で編成され、本土決戦用部隊として銚子市に移駐してきた歩兵第四三七連隊（護沢〇三部隊）について、銚子市史は次のように記している。少し長文だが、市民の受け止め方がよくわかるのでそのまま引用する。

ところで護沢〇三部隊に対する市民の印象はどうであったかといえば、卒直に言って頼りない部隊ということであった。

この印象は市民の目に触れた隊員の服装や態度からきている。隊員の当面の任務は陣地構築であるから、市民の目に触れるところで武装していたことはない。いつも丸腰である。それだけならなんでもないのだが、軍靴をはいていないのである。はきものはワラぞうりである。その上腰に水筒代わりの竹筒をぶらさげていた。

さらに部隊の給養が足りなかったのか、いつも腹をすかした顔をし時折り民家に立ち寄っては食べ物をねだっていた。これではどうみても帝国陸軍の精鋭には見えないし、従来市民の脳裏にあった帝国陸軍のイメージとはかけはなれていた。だからこんな軍隊で戦争に勝てるのだろうかと疑ったわけである。

（『銚子市史Ⅰ　昭和前期』）

さらに被服の不足も深刻だった。一九四五年一月二七日、陸軍省副官は通牒を発し、今後入営・応召する者に対しては、襦袢《じゅばん》〔下着〕、袴下《こした》〔ズボン下〕、手袋、靴下などは入隊時に着用していたものを引続き使用させるよう指示している（「兵営内居住下士官以下の私物襦袢袴下等の使用に関する件陸軍一般へ通牒」）。被服はすべて「官給」という原則を放棄し、「私物」の使用を公認した「画期的」な通牒である。「はじめに」で引用した真鍋元之の指摘を借りるならば、それは軍隊の正統性の危機を意味した。

兵士たちによる盗み

さらに、兵士による盗みが住民の反感を買った。一九四五年四月に組閣した鈴木貫太郎内閣の国務大臣（情報局総裁）だった下村宏は、四五年七月のこととして次のように記している。

九州、四国、本土の海岸地帯では本土決戦に備うるため兵士が出動しているが、至るところ芋畑を荒らすというのである。たまりかねて苦情を訴えると、どうせアメリカ兵に荒らされるのじゃないかとか、アメリカ兵に喰われるよりおれらが代りに喰ってやるのだと放言する。農家はもはや鋤鍬《すきくわ》をとる意識を喪失するばかりか、軍に対して不平不満を抱くようになったという声が頻々《ひんぴん》と耳にされて来た。

（『終戦記』）

また、下村が出席した八月九日の臨時閣議では、石黒忠篤農商大臣が、飢餓はもはや避けられないが、「動員兵の民家に食をあさるに至りしは、誠に寒心すべきものあり、今後の事態は大いに懸念に堪えない」と発言している（同前）。

盗みは食糧だけではなかった。松戸飛行場で防空戦に従事していた飛行第五三戦隊の陸軍軍曹・原田良次は、戦闘機の整備のため、部下たちと一緒に滑走路わきのバラックで起居していた。食糧だけでなくストーブ用の薪の不足にも悩まされる日々だった。

その原田は、一九四四年一二月一六日の日記に次のように記している。

正午すぎ起床すると、兵隊がニヤリと笑って意味ありげなり。当分、壕舎《ごうしゃ》〔バラック〕住いの暖は大丈夫なりという。なるほど、驚いたことには、掩体壕《えんたいごう》の裏手に横たわる巨大な二本の丸太。〔中略〕まごうことなき鳥居の残骸《ざんがい》なり。聞けば深夜、十余名の兵が隊伍を組んで村落に進み、近所の神域で押し倒して捕獲した戦利品という。

（『日本大空襲』）

村落共同体の精神的紐帯である神社からの強奪は、当然大きな反感を買ったことだろう。

体格・体力のさらなる低下

この時期、兵士の体格や体力はさらに低下した。一九四三年の軍医部長会議で陸軍省医務局長は、兵員の体力悪化に、次のように強い危機感を表明している（要旨）。

また、他方面から観察すると、日本の人的資源の現況は、重化学工業化の進展に伴う「農村子弟の都市集中」、青少年層の労働強化、結核の蔓延、国民生活の窮乏化など、壮丁の体力に悪影響を及ぼす要因が増大したため、壮丁の体力は年を追うごとに低下している。他方で徴集・召集の増大、すなわち「軍要員の画期的膨大」は、ますます兵員の体力の低下をもたらそうとしている。

（『軍医団雑誌』）

兵士の体格については、前述した陸軍省医務局の報告書、「日本武装軍の健康に関する報告」が、陸軍の兵員の平均体重は、「戦前平均」の体重六〇キロから戦争末期には五四キロに減少したとしている（身長は不明）。まさに激減である。

また、中国戦線に駐屯していた第六八師団では、「古年兵」（古参の兵士）の平均体重は概ね五六キロだったが、一九四五年三月に到着した現役初年兵の平均体重は約五〇キロに過ぎなかった。師団軍医部は、その他、胸囲や各種体力検査の結果から見ても、「本年度初年兵は例年の初年兵に比し、著しき遜色を示しありたり」としている（『衛生史編纂資料　昭和二十年十二月十日』）。初年兵の場合は、さらに体格が低下しているようだ。

第六方面軍湖南復興部の臨時嘱託だった向山寛夫によれば、この第六八師団の独立歩兵第六一大隊が一九四四年に受領した未教育補充兵は、現地に着くまでに八割が落伍している。向山は一九四五年一月二二日の日記に次のように記している。

そういえば、近ごろ街で見掛ける兵隊のなかには、体位が貧弱で元気のない兵隊が少なくない。先日あった老兵〔古参兵の意〕は、「最近の未教育補充兵は、体が貧弱なのに加えて気力に乏しく、少し叱り過ぎると自殺したり、逃亡したりする。」といって慨嘆していた。これは既に限界を超えて無理な動員がおこなわれていることを物語るもので、戦争の前途が、思い遣《や》られてならない。（『粤漢《えつかん》戦地彷徨日記』）

アメリカ軍の給養と体格

最後に、アメリカ軍の給養や兵士の体格について、簡単に見ておこう。

第二次世界大戦中のアメリカ軍兵士の一人一日当りのカロリー摂取量は、軍事基地で四三〇〇カロリー、前線で四七五八カロリーだった。「食糧の観点から見ると、アメリカの軍隊にはどの軍隊も太刀打ちできなかった。〔中略〕彼らの食糧は「贅沢なほどたっぷり」だった」（『戦争と飢餓』）。

給養の面で重要なのは、一九四一年から米軍が導入した個人戦闘糧食（Cレーション）である。後方から十分な食事を提供できない場合に一人ひとりの兵士に支給されるいわば非常食である。肉と豆の煮込みなどの主食の他、チーズ、クラッカー、デザート、インスタントコーヒー、煙草などがセットになっていた。兵士にはあまり人気がなかったようだが、個人戦闘糧食としては乾パンくらいしか携行していない日本軍から見れば、あまりに贅沢な糧食だった。

一九二九年に現役兵として歩兵第一〇連隊に入営した経験を持ち、一九四四年のインパール作戦には従軍作家として参加した棟田博は、英軍の捕虜が持っていた個人戦闘糧食（米軍が提供したもの）を見たときの感慨を次のように記している。

ビスケット風のものをはじめとして、チーズ、チョコレートその他、おまけにシガレットが幾本か添えてあった。至れり尽くせりである。こういう戦闘食を食っているる敵と、わずかばかりのモミを鉄カブトでこつこつ搗《つ》いてオモユにして啜《すす》っている皇軍兵士とでは、あまりにもハンディキャップがありすぎるではないか。

（『陸軍いちぜんめし物語』）

アメリカ軍兵士の体格についても簡単に見ておく。第一次世界大戦におけるアメリカ軍徴集兵の平均身長は一七一・五センチ、平均体重は六四・三キロ、第二次世界大戦の徴集兵は、平均身長一七三・〇センチ、平均体重六八・三キロである（***Weight-Height Standards Based on World War II Experience***）。一九三〇年代半ばの日本の陸軍兵と比べるならば（五三頁の表6参照）、身長で八センチ高く、体重で約八キロほど重い。日本と異なり、アメリカの場合、間に世界恐慌期をはさみながら、第一次世界大戦期と比べて身長・体重ともにかなり増加していることにも驚かされる。

給養の豊かなアメリカ軍とは異なり、アジア・太平洋戦争期の日本軍は、兵士に最低限の生活を保障することに失敗することによって、自滅の一歩手前にまで追い詰められた軍隊だった。

コラム④

戦争の呼称を考える——揺れ続ける評価

一九四一年一二月に始まるアメリカやイギリスとの戦争をなんと呼んだらいいのだろうか。

毎年八月一五日に政府主催で開催される全国戦没者追悼式では、天皇の「おことば」や首相「式辞」のなかに、「さきの大戦」という言葉が登場する。日中戦争以降のすべての戦没者を追悼するための式典だから、「さきの大戦」は、日中戦争以降、一九四五年の敗戦に至るまでのひと連なりの戦争という意味になる。しかし、「さきの大戦」＝対米英戦と理解している人も多く、そこにはかなりの混乱がある。

米英との戦争に関する最も一般的な呼称は、やはり「太平洋戦争」だろう。

敗戦後の一九四五年一二月、GHQ（連合国最高司令官総司令部）は「神道指令」を発した。この指令によって、国家神道の廃止が命じられるとともに、「大東亜戦争」という呼称の使用が禁止された。

以後、GHQによる検閲などを通じて、「大東亜戦争」は「太平洋戦争」に置き換えられていく。この経過からもわかるように、「太平洋戦争」はアメリカ側の戦争観をストレートに表現した呼称である。具体的にいえば、この戦争の主戦場は太平洋であり、日本軍国主義の打倒に最大の貢献をしたのは、アメリカの巨大な軍事力であるという戦争観である。

同時に、こうした日米戦争中心の呼称からは、この戦争の全期間を通じて、中国戦線で中国が抗戦を続けていたことの意味や、欧米の植民地であった東南アジアで戦われた戦争の意味が抜け落ちてしまう。そのため、歴史家のなかには、アジアの戦争と太平洋の戦争が深く結び付いた戦争という意味で、「アジア・太平洋戦争」という呼称を使用する人々がいる。私もその一人である。

もう一つの有力な呼称は、「大東亜戦争」である。

言うまでもなく、当時の日本政府が正式に採用していた呼称である。しかし、この呼称には、日本の戦争を正当化する意味合いが込められている。

一九四一年一二月一二日の「情報局発表」は、「大東亜戦争と称するは、大東亜新秩序建設を目的とする戦争なることを意味するものにして」と宣言している。日本が掲げる戦争目的にはさまざまな混乱が見られるが、ここでは戦争の目的は、「大東亜新秩序建設」、すなわち、アジア諸民族の解放と日本を盟主とする新たな勢力圏の建設にあるとされている。いわば、アジア解放のための「聖戦」という位置づけである。

この点に関連して重要なのは、木坂順一郎の指摘である。木坂は高等学校世界史の教科書に登場する一四世紀以降の主要な戦争を取り上げ、その呼称を分析した。木坂によれば、戦争の呼称の大半は、交戦国名によるもの（たとえば普仏戦争）など、一定の価値判断を含んでいないものである。また、価値判断を含む呼称の場合は、アメリカ独立戦争、イタリア統一戦争などのように、「独立」や「統一」といった価値判断が一定の普遍性を持ち、現代人の多くから「明示または暗黙の」承認を得ているものに限られている（「アジア・太平洋戦争の呼称と性格」）。この基準に照らして考えると、「大東亜戦争」という呼称は、「聖戦」という日本側の一方的主張に止まっていて、普遍性に欠けるということになるだろう。

「大東亜戦争」という呼称を支持する人のなかには、当時の公式の呼称を尊重して、それをそのまま使用すべきだとする人もいる。この見解は率直に言って、説得力がない。なぜなら、現在我々がごく普通に使用している「日清戦争」「日露戦争」「第一次世界大戦」は当時の呼び方ではないからである。

「第一次世界大戦」は言わずもがなのことだが（当時の人々は第二次世界大戦の勃発を予期して、その戦争を当時から第一次世界大戦と呼んだわけではない）、「日清戦争」「日露戦争」も当時の呼び方ではない。たとえば、陸軍の当時の呼称としては、「明治二十七、八年戦役」「明治三十七、八年戦役」などが使われている。木坂が指摘しているように、「戦争の呼称は時の流れとともに変化」しているのである。

いずれにせよ、戦争の呼称が定まらないのは、日本人のなかでかつての戦争の評価が常に揺れているからだろう。地道な議論を積み重ねていくなかで、合意を形成していくしかない。

最後に世論調査を一つあげておく。朝日新聞社が二〇〇六年四月に実施した世論調査には、「昭和二〇年に終わった戦争についてうかがいます。この戦争については様々な呼び方がありますが、あなたはどう呼びますか」という質問がある（回答カードから一つ選択）。回答は、「第二次世界大戦」が五七％、「太平洋戦争」が二三％、「大東亜戦争」が一〇％、「アジア・太平洋戦争」が二％である（『朝日新聞』二〇〇六年五月二日付）。

「太平洋戦争」ですら十分な市民権を得ていないことに、あらためて驚かされる。

第4章

人間軽視

日本軍の構造的問題

1　機械化の立ち遅れ——軍馬と代用燃料車

「悲惨なともいうべき状態」——国産車の劣悪な性能

帝国陸海軍には、兵士に必要以上の負担を強いる特性があった。この章では、この問題について、具体的に考えてみたい。

一つ目の問題は、陸軍における機械化・自動車化の立ち遅れである。

そもそも、モータリゼーションの面でも、戦前期の日本は欧米に大きく遅れていた。一九三六年の時点で見てみると、アメリカの自動車生産台数は年間四四六万台、イギリス四六万台、ドイツ二七万台、これに対して日本は一万台に過ぎない（『現代日本産業発達史二一』）。日中戦争前後から国産車の生産拡充が国家的課題となったが、国産車の性能は外国車に著しく劣っていた。

「新春特輯座談会　戦地に於《お》ける故障修理を語る」（一九四一年）では、中国戦線の将校や技術者から、「国産車が何とも信頼性がない。妙なときに予測できない故障が起こる」、

「要するに日本の自動車工業と云うものがアメリカの焼き直しで、エンヂンはシボレーの真似、アクセルはフォードの真似である」などの手厳しい批判の声があげられている。

アジア・太平洋戦争が始まると、さすがに自動車（トラック）の生産台数は増大する。ただし、一九四二年頃からは資材を極端に節約した粗悪な「戦時規格型トラック」の生産が始まった。

従来のトラックとの違いは、後輪のダブルタイヤはシングルタイヤにする、予備タイヤは積まない、運転室・荷台などボディーは木製とする、フロントブレーキは廃止する、ヘッドランプは一個にしてバンパーの中央に取り付ける、方向指示器は取り外すなどである。まさに「悲惨なともいうべき状態」である（『日本自動車工業史口述記録集』『日本自動車工業史行政記録集』）。

さらに、戦局の悪化に伴い航空機の生産が最優先されるようになると、自動車の生産台数は急速に落ち込んでいく。一九三七年から四五年の間に日本で生産された軍用トラックは、一一万五〇〇〇台にすぎない（『日本のトラックの歴史』）。

これに対して、アメリカにおける軍用トラックの生産台数は、一九四〇年から四五年までの累計で、二四五万五九六四台にも達している（*The Big L:American Logistics in World*

WarII)。また、アメリカ軍の場合は一九四一年から実戦に投入されたジープ（小型の四輪駆動車）が、軍用車両として大きな役割を果たしている。

「代用燃料車」の現実

すでに述べたように、日米関係の悪化に伴い、陸軍では、一九四〇年八月から石油の徹底した消費規制に乗り出し、その一環として木炭・薪炭を燃料とした「代用燃料車」への転換がはかられていた。

しかし、その性能には大きな問題があった。アジア・太平洋戦争末期の中国戦線では、代用燃料車だけを装備した自動車部隊が編成されているが、その性能について、独立自動車第八三大隊に属していた市川宗明は次のように回想している。

最大の悩みは、ガソリン車のようには、速度や馬力の点で行かず、ノロノロ運転やエンストの繰り返しで、敵の襲撃に遭っても強行突破どころではなく、しかも、そのため、バカにヒマがかかり、ガソリン車が一夜行程で行ける距離を、荷を運ぶのに三日も要してしまい、能率の悪いこと夥《おびただ》しい。戦地であるため、道路が敵に破壊されたり、手入れが行き届かず、路面が荒れて凹凸が激しく、ただでさえ馬力の弱い代燃車のこととて、一旦凹《いったんくぼ》みに入ったら、なかなか自力で乗り出すことのできないクルマが続出する。そのたびに皆で寄って引っ張り出さなくてはならないのだ。

（『火の谷』）

満州第二六三六部隊が、一九四三年一〇月にノモンハンの平原で実施した「代燃自動貨車」による行軍演習の記録も興味深い。なお、「自動貨車」とはトラックのことである。

この演習では、「『トヨタ』代燃自動貨車」（積載量一トン半）五台が約六〇〇キロを四日間で走破した。平均時速は一五キロ〜一八キロの低速である（出発時から到着時までの平均時速、所要時間には休憩などの停車時間を含む）。

燃料用の薪の所要量は、距離一キロメートルに対して一キログラム、一時間の走行のためには予備も含めて約二〇キログラムの薪を必要とした。一日一〇〜一五時間の走行のために携行しなければならない薪の量は、約二〇〇〜三〇〇キログラムである（「『ノモンハン』方面代燃自動貨車長途行軍演習記事」）。携行しなければならない薪の量に驚かされる。

軍機械化の主張とその限界

とは言え、陸軍が第一次世界大戦の教訓に学んで、軍の機械化・自動車化に力を注いでいたのも事実である。特に、日中戦争開始以降は、乗馬兵中心の戦闘部隊である騎兵連隊は、自動車・装甲車中心の捜索連隊に置き換えられていった。補給を担当する輜重兵連隊でも、自動車中隊が増加していく。

また、自動車化の遅れに警鐘をならす軍人もいた。陸軍二等主計正の佐藤勇助（陸軍経理学校教官）は、今後、大作戦時の「給養補給」には、鉄道輸送とならんで自動車輸送が主体とならざるをえないと指摘したうえで、「徒《いたずら》に動物輜重（馬による輸送）の関係のみに没頭せんか、遂に大作戦の給養を完《まっと》うすること能《あた》わざるに至るべし」としていた（『野戦給養発達史』）。

しかし、第一次世界大戦は、陸軍にとって、軍馬の重要性を再認識させられた戦争でもあった。かつてない規模の兵力動員、弾薬の大量消費などによって、むしろ今後の戦争では、弾薬や食糧の運搬にあたる軍馬の需要が増大すると考えられたのである。事実、欧米諸国でも自動車の導入が急速に進む一方で、依然として多数の軍馬が使用されていた。

また、陸軍が自動車輸送への切り替えに踏み切れなかった背景には、予想戦場である中国大陸には悪路や未舗装の道路が多く、自動車より軍馬による輸送の方が適しているという判断があった（『軍馬と農民』）。

自動車と軍馬をめぐるこうした関係を象徴的に示す事件が起こっている。

政府の広報誌『週報』（一九三九年三月二二日号）に、陸軍技術本部「戦車と軍の機械化」という論説が掲載された。戦車部隊の増強を強く主張した内容の論説だが、今後は兵站などの後方補給機関でも、軍馬に代わって自動車の導入が進むとしている点に特徴があった。輸送手段としては馬より自動車の方が優れているというのが、その理由である。

これに対しては、帝国馬匹協会が、機関誌に無署名論文「軍馬と軍の機械化」を掲載して反論した（『馬の世界』一九三九年五月号）。同協会臨時総会で出された疑義をまとめたもののようだが、その要点は、陸軍技術本部の論説が「軍の機械化万能を謳歌するものであって」、馬の「改良増殖」を国民に強く求めてきたこれまでの「軍部」の政策と矛盾する、その真意について、「国民の納得のできるように再説してほしい」というものだった。同協会は、民間馬の改良と育成を推進してきた民間団体で、政府の馬政に全面的に協力してきた団体である。

断ち切れない「馬力」への依存

他の団体による批判は確認できていないが、陸軍も馬政関係の有力団体である帝国馬匹協会の批判を無視することはできなかったようだ。陸軍はすぐに軌道修正に踏み切り、『週報』（一九三九年四月二六日号）に、陸軍省情報部の名前で、「「戦車と軍の機械化」に関する補足的説明」を公表した。『馬の世界』（一九三九年六月号）は、この「補足的説明」を「軍馬と軍の機械化」で示した疑義に対する回答だとして、全文を転載している。

その「補足的説明」は、陸軍技術本部の論説は、十分その意を尽くさないところがあったため、「世上軍馬の必要性に関し疑惑を抱いている向きもあるとのことであるが、右は自動車の重要性を強調したものであって、軍馬を軽視するの趣旨でないこと勿論《もちろん》である」として、「将来自動車の利用如何《いかん》にかかわらず」、戦場で多数の軍馬を必要とすることは言うまでもないとあらためて言明したものだった。注目したいのは、軍馬を必要とする理由を説明した次の一節である。

　一面自動車がいかに必要だとしても、我が国の工業能力や燃料資源の関係上、その要求を十分充足し得ないことも考慮せねばならないから、かかる場合、軍は依然として馬力に大なる期待をかけねばならぬことは申すまでもない。

軍の機械化・自動車化を強力に進めるにしても、工業力の面では欧米に立ち遅れている以上、そこには大きな限界があり、「馬力」への依存を断ち切ることはできないという認識である。事実、工業力は陸軍の機械化・自動車化の大きなネックとなった。

　この事件の直後、一九三九年九月には第二次世界大戦が始まっている。欧米列強は、国によってかなりの違いがありながらも、開戦後、軍の機械化・自動車化をいっそう強力に推し進めていく。しかし、日本の場合、陸軍の主たる輸送手段は、敗戦に至るまで依然として軍馬のままだった。

　アメリカ戦略爆撃調査団の報告書は、日本陸軍では、輸送用の自動車が不足していたため、特に通常の師団では馬が自動車の代わりに使用されたこと、最後の手段としては馬代わりに牛が、インパール作戦では象まで使われたことを指摘している。たしかに戦争末期には牛や象が使われている。同報告書によれば陸軍で使用されていた軍馬の数は、内地・外地を含めて、一九四一年が三五万二〇〇〇頭、四二年が二九万七〇〇〇頭、四三年が三〇万一五〇〇頭、四四年が二八万六〇〇〇頭、四五年が三二万一〇〇〇頭である（United States Strategic Bombing Survey, *TheEffect of Air Action on Japanese Ground Army Logistics*,1947）。なお、アメリカ戦略爆撃調査団は、日本に対する戦略爆撃の効果を判定するために組織された調査機関である。

2　劣悪な装備と過重負担——体重40%超の装備・装具

過重負担の装備

機械化、自動車化が遅々として進まなかったため、日本軍は、歩兵の行軍を依然として徒歩に依存する軍隊であり続けた。そのため歩兵の負担量（武器弾薬、軍服など、兵士が身に着けているものの総量）、負担率（負担量がその兵士の体重に占める割合）は、過大なものとなった。

一九二九年五月に陸軍大臣が制定した『軍隊衛生学』は、「負担量は体重の約四〇％なるを適当とす」としていた。一九三九年発行の同書でも、この文言は変わらないので、約四〇％というのが軍の公式見解だろう。約四〇％でも相当過重だが、実際にはこの規定は無視された。

石川元雄・陸軍軍医少佐は、日中戦争初期の状況について次のように述べている（要旨）。

「武装時の最大能率負担量」は、体重の三五％から四〇％が限界である。しかし、歩兵の現在の負担量は、夏用軍服着用の場合、小銃兵は二八キロ強であり、これは平均体重六〇キロの四七％に相当する。さらに軽機関銃手は三二キロ強で負担率は五三％、重擲弾筒《じゅうてきだんとう》弾薬手に至っては三六キロで負担率は六〇％にもなり、「従ってその体力消耗の膨大なることは云うまでもない」。（「人的戦力増進に関する考察」）

実際の負担量は、四七％から六〇％にもなっていることがわかる。なお、重擲弾筒とは歩兵部隊に配備された近接戦闘用の小型迫撃砲である。

さらに、アジア・太平洋戦争の時期ともなると、兵士の体力や健康に配慮すべき軍医さえ、負担量の増大を当然視するようになる。ここには、日本人の持久力を高く評価した小泉親彦の影響を見てとることができるかもしれない。

偕行社編集部が開催した座談会の記録、「健兵対策座談会記事」(一九四二年)では、水野近・軍医少佐が、負担量が「四〇%を越して四五%、五〇%になると非常に体にこたえてきます」と負担量の増加に注意を促している。

ところが、これに対して柳田三基・軍医少佐は、「負担量も、しかし訓練によって四〇%を越しても体力消耗が著しくないようにできるもので、それは作戦の上からは心配はありません」と応じ、さらに東部軍司令部の倉沢勤三郎・中佐が「そこまでもってゆかなければならない」、陸軍省兵務課の河野省介・中佐が「漸進的に訓練すれば十分堪えられるようになります」と駄目押しをしている。軍医の作戦当局者への迎合である。

戦闘の「現場」、兵士の限界点

ここで、戦闘の「現場」を見てみよう。すでに述べたように、この時期、兵士の体格・体力は大きく低下していた。そのため、負担量の増大と徒歩による行軍は兵士の耐えられる限界を超えていた。

中国戦線で戦っていた第三六師団は、一九四二年五月から七月にかけて、山岳地帯でゲリラ部隊に対する「討伐戦」（C号作戦）を実施している。相手は中国共産党のゲリラ部隊である。同師団所属の歩兵第二二四連隊の調査によれば、作戦前の兵員の平均体重は六〇・七六キロ、それが作戦終了直後には五六・六六キロに減少している。

第三六師団軍医部「C号作戦衛生勤務の教訓事項」（一九四二年）は、兵士の疲労について、「作戦末期に於ける疲労状態は、顔貌憔悴《がんぼうしょうすい》、皮膚乾燥、貧血状、無気力、舌の白苔《はくたい》、下痢の傾向を有し、栄養失調型とも称すべきもの」が多いとしている。心身の過度の衰弱からくる「戦争栄養失調症」に兵士は陥っていたようだ。

負担量との関係を明確に述べているのは、歩兵第一三九連隊第一大隊の「老河口《ろうかこう》作戦給養史」（一九四五年）である。老河口作戦はアジア・太平洋戦争の末期に日本軍が中国戦線で実施した大規模な作戦だが、この「給養史」は、負担量について、次のように述べている（要旨）。

負担量が体重の半分を超過すると体力の消耗率は急に増加する。我が軍においては兵士の平均体重六〇キロとして、負担量三〇キロを目安としているようだが、今回のように、「強行軍、無休養、給養の低下」という状況が続く作戦の場合、負担量三〇キロは過大である。長期作戦の場合、負担量は体重の三分の一を限度とすべきだろう。

負担量は体重の三分の一、二〇キロが限界、というのが現場の判断だった。

一〇〇日間、二〇〇〇キロを超える行軍

さらに、中国戦線では、一九四四年四月に開始された大陸打通《たいりくだつう》作戦によって、戦線が華中・華南の広大な地域に拡大すると、新たな問題が生じた。自分の部隊を追及して、内地の補充部隊から前線に送られる初年兵や補充員が、長距離の徒歩での行軍を余儀なくされたからである。すでに制空権は米軍が掌握していて、鉄道による輸送も困難になっていた。第二七師団の事例を見てみよう。

一九四四年九月、第二七師団の初年兵（一九四四年徴集の現役兵）五〇五九名は、関

東地方各地の部隊に入営した。その後、中国に輸送されて武昌《ぶしょう》地区に集結し、一九四五年二月下旬には武昌を出発して前線に向かった。途中全員が新設の第一三一師団に転属となり、同年五月末にようやく第一三一師団の警備地に到着している。

この間約一〇〇日間、ほとんど徒歩で二〇〇〇キロ以上を歩き通している。また、食糧の補給がほとんどなかったため、飢えと疲労により、途中で多数の落伍者を出した。戦後の調査によれば、消息の判明した三〇〇四名のうち、実に九七三名が落伍し、戦病死となっている。前線に到着し戦列に加わる前に、行軍の途中でいわば「自滅」しているのである。

この初年兵を武昌で受領した中島敬三・中尉は、次のように回想している。

〔初年兵の状況は〕期待と予想を大きく裏切るものであった。第一に、彼らの平均的な体格が、前年度より更に一段と低下していることであった。そして「これが教育中の初年兵か」と目を疑うほど、皆例外なくやせていて、六〇瓩《キログラム》以上ありそうな者は見当らない。その動作にも何か生彩に欠けるものを感じた。（『幻の鉄兵』）

体格の大きく低下している初年兵に、二〇〇〇キロもの行軍を強いること自体にすでに無理があった。

同様のことは陸だけでなく空でも起こっていた。一九四四年一～五月の五ヵ月間に、日本海軍は戦闘で七六三機を失っている。ところが前線への空輸中や訓練中の「非戦闘喪失」は、その三倍以上の二三九三機にものぼった。特に、日本本土から南太平洋の最前線基地への空輸中の事故による喪失が多かった。

軍用機の降着装置（離着陸時に車輪を上げ下げする装置）が堅牢さを欠いていただけでなく、未舗装の飛行場が多かったため、離着陸時の事故が多かったこと、軍用機の生産が粗製乱造となり故障が多発したこと、長距離の洋上飛行の経験が豊富な熟練パイロットが不足していたため、航法上のミスで目的地に到達できなかった機体が多かったこと、などがその原因である（『太平洋戦争における日本航空戦力の配備・補給』）。

地上戦への協力が主任務で、洋上飛行を想定していない陸軍の場合は、航法ミスで「迷子」になる事故がさらに多かったと考えられる。まさに、「航空撃滅戦」ならぬ「航空自滅戦」である。

中国人からの掠奪した布製の靴、草履

徒歩行軍への依存が強まったにもかかわらず、行軍の際の「命綱」である軍靴については質の劣悪化と供給量の減少が目立った（前掲『日本軍兵士』）。

先述の「老河口作戦給養史」は、この点について、「今次作戦に於て特に難渋したものは履物《はきもの》なり。出発当初に編上靴《へんじょうか》〔軍靴〕の補給は遺憾ながらその員数《いんずう》充分ならず。〔中略〕今迄の経験から云っても徒歩部隊としては兵器同様に貴重がられるのは編上靴である。支那人の「シェ」〔布製の靴〕とか「草履」では長期行軍には不可能である。「履物さえよければ西安でも重慶でも行く」と言うのが兵隊たちの口癖である」と指摘している。

十分な軍靴がないため、兵士たちは中国人から掠奪《りゃくだつ》した布製の靴や草履を履いていたのである。

なお、米軍は軍靴の研究を重ね、第二次世界大戦中に「より歩き易くより丈夫な靴」をめざして軍靴を四回も改良したが、日本陸軍では満州事変の少し前に制式化された「改四五編上靴」で終始している（『誤算の論理』）。

そもそも、当時の日本人のなかで、入営前に靴を履いたことのある者は決して多くは

なかった。一九三〇年代に陸軍軍医学校が実施した調査によれば、兵士の二四％は生まれてからこの方、靴を履いた経験がなく、常に靴を使用していたのは全体の二〇％にすぎなかった。しかもその靴の多くは「ゴム靴」であり、革靴ではなかったという（前掲『衛生学概説』）。靴を履いた経験のないまま、改良の不十分な軍靴を履いた兵士たちは、靴擦れや足のマメに悩まされることになる。

一六六名の凍死者

アジア・太平洋戦争末期の大陸打通作戦の時期には、制空権は中国に展開している米軍の航空部隊が完全に掌握していた。このため、行軍は夜間が中心となり、行軍による体力の消耗がいっそう深刻な問題となった。また、夜間の行軍では方向を見失い時間を浪費することが多かった。こうしたなかで起こったのが長台関《ちょうだいかん》の悲劇である。

第二七師団に属する支那駐屯歩兵第三連隊の中隊長として、この作戦に参加した藤原彰の回想によれば、事件の概要は次の通りである（『中国戦線従軍記』）。

一九四四年五月、第二七師団の各部隊が淮河《わいが》を渡河しようとして、夜間、渡河点である長台関に一斉に向かった。道路の外は水田で行軍は困難であるため、道路上はひどく渋滞した。折から降り始めた氷雨は豪雨となって兵士の体力を消耗させせただけでなく、道はぬかるみと化して行軍をいっそう困難なものとした。前に進むことのできない兵士たちは、道路上に立ち往生して足踏みを繰り返しながら豪雨に打たれ続けた。

連日夜間の行軍が続き兵士が睡眠不足と過労状態にあったことも災いした。その結果、日中は日射病患者が出るほどの暑さだったにもかかわらず、夜間の豪雨下の強行軍によって、師団全体で一六六名もの凍死者を出すという遭難事件が起こった。「長台関の悲劇」である。

第二七師団の軍医少佐・鈴木武徳によれば、風速は一〇メートル、体感温度は零度以下となり、ある山砲連隊の軍医は「満州の冬に於てすら未だ乗馬がぶるぶる震えていたのは経験したことがない」と語っている（「自昭和十九年四月十五日 至昭和二十年八月十四日 衛生業務要報」）。寒さに強いはずの馬が震えるほど気温が低下していたことになる。

第二七師団衛生隊の橋本秀峰は、翌朝現場の惨状を目撃し、次のように記している。

駆兵《ぎょへい》〔馬を扱う兵士〕がしっかりと馬の手綱《たづな》を離さずに馬と一緒に死んでいる。兵はうつ伏せ、或《あるい》は泥田《どろた》に頭から身体半分を埋めて死んでいる。積載物は泥濘《でいねい》に流され、或《あるい》は四散《しさん》して路上に撒《ま》き散らしたように此処《ここ》かしこと散らばっている。〔中略〕路盤上では下士官一名を中心に、兵隊十数名が寄り添うようにして凍死をしている。泥沼と化した田圃《たんぼ》の中は見渡す限り濁流《だくりゅう》に押流された者だろう、彼方《かなた》に一人、こなたに二人と無残な遺体が見られる。此の世の地獄を見せられたようだ。

（『画集 中国大陸縦断一万粁』）

粗悪な雨外套

悲劇の原因は、日本軍の被服・装具の劣悪さにもあった。歩兵砲中隊にいた小川正和は、雨外套《あまがいとう》の粗悪さについて、次のように記している。

激しい雨に強い北風も加わって気温はグッと下がり雨外套《あまがいとう》を着ていても防水加工が充分でないので、すでに雨は衣類を通して肌にまで達した。〔中略〕じっとしていては体は冷える一方だ。皆足ぶみをして体を動かすように伝達する。

（『支那駐屯歩兵第三連隊戦誌』）

一九四三年七月に陸軍省が印刷・配布した『被服手入保存要領』には、雨外套、携帯天幕々布は、「防水剤を施しあるを以《もっ》て洗濯せざるを可とす」とあるので、豪雨時には防水剤が洗い流されてしまうのだろう。なお、一人ひとりの兵士が携行している携帯天幕幕布をつなぎ合わせて天幕（テント）を作る。雨天時には、兵士はその幕布をしばしば自分自身の雨よけに使った。

重要なことは、先述した第二七師団「衛生業務要報」のなかで、鈴木武徳・軍医少佐が、「防水布」について、次のような提言をしていることである。

桐油紙《とうゆがみ》、「ゴム」防水布の如き完全に雨水を透過せざる材料あらば、豪雨に際し身体被服の湿潤、負担量の増加を防止し得て可なり。被服の湿潤すらなくば今次の災はほとんど避け得たるならんと思考す。

雨で全身がずぶぬれになると、被服や装具が水を吸って重くなり負担量が増える。それを避けるためには、完全な「防水布」が必要である。この軍医は、「長台関の悲劇」の原因の一つが、防水具の不具合にあることをはっきりと認識していた。

3　海軍先進性の幻想――造船技術と居住性軽視

造船技術は先進的だったか

旧海軍の造船官には、高度経済成長と「造船大国日本」の自信に支えられて、日本海軍の造船技術の先進性を強調する傾向が強い。西島亮二などが編集した海軍技術中将・福田烈の追悼集のタイトルは、そのものずばりの『造船技術は勝てり』（一九六八年）である。造船技術ではアメリカを圧倒していた、というわけである。

もっとも、この追悼集に追悼文を寄せた浅沼弘（民間の造船技術者）のように、「戦争が始った。戦争に敗けた。造船技術も敵の造船技術に敗けた。溶接技術も敵の溶接技術に敗けた。〔中略〕ああ敗けた敗けた。詳細が解る度《たび》に誰も茫然でした」と書いている者もいるにはいたが、全体としては「我勝てり」派が多数派である。

造船技術の先進性を自画自賛する風潮のなかで、海軍の造船技術に独創性が欠如していたことを一貫して指摘していたのは、元海軍技術大佐の牧野茂である。牧野は次のように指摘している。

　敗戦後の数年間、日本造船界の虚脱時期に、海軍の造艦技術をふりかえってみて、筆者が気づいた事実は、わが造艦技術の歴史は、模倣と拡大と無理とが大部分をしめている、と言ったことがある。〔中略〕やはり独創性に乏しい国民性のせいではないかと思われる。

（『牧野茂艦船ノート』）

「模倣」は、言うまでもなく欧米の技術の模倣、「拡大」は、軍艦を巨大化していくことに終始し、技術的な柔軟性に欠けたこと、「無理」は攻撃力を最優先したため、そのしわ寄せがさまざまな分野に及んだことを意味している。

牧野はまた、旧海軍士官の座談会のなかで、「駆逐艦は消耗品で仕方がないですけど、駆逐艦の乗員まで、やはり私どもが、消耗品みたいにいたしまして、〔中略〕そこ（乗員のこと）までは考えてなかった。しかしアメリカは、すべて乗員は消耗品扱いにはしないと。そういうところが戦後如実に感じました」と発言している。

アジア・太平洋戦争で活躍し、損害も大きかった駆逐艦の設計面で、兵員の生命や安全に対する配慮が欠けていたという反省である（『［証言録］海軍反省会五』）。

居住性の軽視

実戦経験を持つ海軍軍人のなかにも、設計面での問題点を指摘する者は決して少なくない。特に居住性を軽視したという批判は根強い。

例えば、小柳冨次・元海軍中将は、日本海軍は、巡洋艦も駆逐艦も魚雷の装備数は米海軍よりはるかに多く、魚雷自体も「一段大きなものを搭載する方針を採った。斯様《かよう》に欲張った要求から、自然日本海軍の艦艇ほど居住性を犠牲にして非衛生的なものはなかった」と回想している（『太平洋海戦史論』）。海軍の艦艇は、大口径砲・大型魚雷の装備など、戦闘機能を最優先したため、居住性が極端に切り下げられたという批判である。

また、総力戦研究所長心得の岡新・海軍少将も、「極秘　皇国総力戦の特質に就きて」と題した一九四一年四月の講話のなかで、居住性の問題に言及している。

岡は愛国心が日本の「専売特許」ではないこと、日本の軍事工業技術が英米に大きく立ち遅れていることをきわめて率直に認める。そのうえで、「我海軍の艦船は、居住施設を犠牲にして一艦の威力を増加しておるのである。〔中略〕主力艦、巡洋艦、駆逐艦、航空母艦、潜水艦等に対しても皆同様の工夫が加えられ、多少質に於て劣っておる処《ところ》、並びに量を補って余りあるようにし」ていると指摘する。

岡の講話は、質と量の両面で英米に劣るところがある以上、攻撃力を増大させるためには居住性を犠牲にするしかないという認識を率直に示している点に特徴がある。

さらに、戦前の論壇にも、居住性の劣悪さに批判的な軍事評論家がいた。退役海軍少佐の福永恭助は、日本の軍艦の居住性の劣悪さを指摘しながら、「斯《こ》うした窮屈な艦を日本が造り得るのはせいぜいあと十年だろう。今に国民の生活程度が向上してこんな住居には堪《た》えられなくなる時が日本にもやがて来るに違いない」というイギリス海軍士官の発言を紹介している（『軍艦物語』）。

「あと一〇年」という予想は少し外れるが、戦後の海上自衛隊の護衛艦では、居住性は各段に改善されることになる。

一般の兵員に対する差別

もう少し具体的に見てみよう。居住性の悪さとしては、兵員が起居する居住区画だけでなく、広義の居住区画、すなわち給食・サービス区画、医療・衛生区画が圧縮されていることがあげられる。また、士官と下士官・兵士（水兵）との間の格差が大きく、士官には下士官・兵士とは異なり、ある程度の居住スペースが確保されていた（「警備艦の居住性について（一）」）。

さらに、一般の兵員の起居する兵員室は、「食事と就寝を兼ねて使用」する方式であり、駆逐艦以上の艦艇では、士官と下士官・兵士とでは調理室も別々だった。戦後の海上自衛隊では、米海軍の方式が全面的に採用され、一般の兵員も食堂で食事をとるようになり、調理室も一室となって差別がようやくなくなった（「艦内生活と人間工学」）。日本海軍には、米海軍と異なり、居住性の良否が戦闘力を左右するという発想が乏しかった。

居住性の劣悪さについては、当時の実見談を紹介しておこう。一九四三年八月に軍医として駆逐艦「秋雲」に乗艦した伊坂正は、「乗艦して先ず瞠目《まどうもく》したことは、全艦これ重武装である。〔中略〕いきおい兵員の生活居住区は、ぎりぎりに切りつめられている」と指摘している。

また、伊坂によれば、「トラック環礁内の碇泊時の居住区の劣悪のほどは、全く言語に絶するものであ」り、暑さに耐えかねて兵員室を抜け出した水兵が「後甲板の小さなテントの下や、砲塔の下のわずかなすき間に、もぐるように仮眠していた」という（『栄光の駆逐艦秋雲』）。熱帯地域にあるトラック諸島は、大きな環礁を持ち南方における日本海軍の最大の根拠地だった。

居住性の問題では、ハンモック（釣床《つりどこ》）についての説明が必要だろう。日本海軍では兵員室が食事の場でもあり就寝の場でもあったため、兵員は天井に吊《つる》したハンモックのなかで眠った。欧米列強は、第一次世界大戦の前後から、兵員の健康に配慮してハンモックに代えてベッドをすでに導入していた。この点、日本海軍は大きく立ち遅れていた。

海軍軍医学校の教官などをつとめた小田島祥吉は、ハンモックの就寝具としての不安定さについて、「釣床間隔は普通一八吋《インチ》（四五㎝）に過ぎずして各自の釣床は殆んど相接触し、一床が動けば直ちに累を隣接者に及ぼす」と指摘している（『海軍衛生学』）。

元海軍技術少佐の福井静夫によれば、兵員居住区のハンモックを減らしてベッドを増やし通風にも配慮するなど、設計上のある程度の改善がなされるのは、一九三八年竣工の巡洋艦「利根」、三九年竣工の巡洋艦「筑摩」以降のことである（『福井静夫著作集第四巻　日本巡洋艦物語』）。

「松型駆逐艦」の居住性

戦局が急速に悪化するなかで、海軍は設計を徹底的に簡易化し、建造期間を大幅に短縮した小型の駆逐艦の量産に踏み切った。松型《まつがた》駆逐艦である。この松型では、居住性はさらに切り詰められた。松型駆逐艦「櫻」（一九四四年一一月竣工）の砲術長だった隠澤兵三は、「櫻」の居住性について、次のように回想している。

戦時急造型の艦のため、艦内で色々なことが起り、艦長を補佐する先任将校として多くの悩みがありました。先ず艦の構造として、天井や壁に防熱材がなく鉄板に防火塗料が塗ってあるだけで、暑さ寒さが直接体にこたえて居住性が悪く、また艦の大きさの割に乗組員の数が多く、居住区では帆布《はんぷ》を床に敷いてその上に「ごろ寝」をする状況であった。そのために艦内の各居住区に「しらみ」が発生して困ったことがありました。又真水の搭載量も少なく、現在の護衛艦のように蒸化機で真水を海水から作ることが出来ないために、航海中は入浴ができないのが、不潔にはくしゃをかけたようであった。

（『一期一会　栄光の駆逐艦櫻思い出集』）

「世界に類のない非常対策」

大型艦の場合も居住性は悪化した。米軍機による損害が急増したため、ダメージ・コントロールの観点から、徹底した防火対策が講じられたからである。

ダメージ・コントロールとは消火や各種の応急措置によって、軍艦が受けた被害を最小限のものとする対応策のことである。この防火対策は、一九四三年末から始まった。具体的には、士官室からカーテン・ソファー・テーブルなどの可燃物を撤去する、兵員室では食卓方式は廃止され、兵員は甲板上に帆布または茣蓙《ござ》を敷き、その上で食事をとり、毛布にくるまって寝る、といった対策である。福井静夫は、これを「世界に類のない非常対策」としている。

また、実施にあたっては、海軍省医務局や各艦隊の軍医長から反対の声が上がったが、現在は非常事態であり、「衛生重視どころにあらず」という理由で押し切られたという（『福井静夫著作集第一二巻　日本軍艦建造史』）。

ちなみに、ダメージ・コントロールの面でも、日本海軍は大きく立ち遅れていた。牧野茂は、アメリカ海軍の航空母艦が、「まことに巧妙な防御法を採用していた」として、「終戦後それが分かって、たいへん感心したものである。日本の軍艦は攻撃面には力を入れたが、防御面は少々まずかったようである。防御こそ造船屋の腕のみせどころであるはずだが、はなはだ残念に思う次第である」と指摘している（前掲『牧野茂艦船ノート』）。

高カロリー食の失敗

アジア・太平洋戦争の開戦時点で、日本海軍はアメリカ海軍に匹敵する六五隻もの潜水艦を保有していた。しかし、海軍は、通商破壊戦（輸送船や貨物船、タンカーなどに対する攻撃）を重視せず、アメリカの主力艦の攻撃に潜水艦を振り向けた。このため、アメリカ海軍の護衛艦の返り討ちにあって、日本の潜水艦隊は、大きな戦果を挙げることもなく壊滅した。このことはよく知られている。

しかし、潜水艦の艦内生活の過酷さについては、あまり知られていないようだ。潜水艦は、狭い艦内で多数の乗員が長期の作戦行動に従事するという点で、際立った特徴を持っている。

伊号潜水艦の軍医だった古城雄二によれば、戦闘海面では敵に自艦の位置を探知されないように、通風、冷却器のモーターや扇風機を停止した「無音潜航」を余儀なくされる。このため、艦内温度はたちまち三〇度以上、湿度は一〇〇%となり、二酸化炭素濃度も上昇する。そして、警戒にあたる当直員以外は、電灯の消えた薄暗い艦内で息をひそめて横臥《おうが》し続けることを強いられたという(『わたつみに戦う』)。

長期間にわたる作戦行動が続くため、生鮮食料品の不足もまた深刻な問題だった。元海軍軍医少佐で潜水学校教官の藤井良知は、次のように回想している。

一たび基地を出航すれば一ヵ月から二ヵ月の作戦行動がつづく。この間、積みこんだ生鮮食糧は三、四日で底をつき、七日目にもなると貯蔵野菜の玉葱、じゃがいもも暗黒と高温、高湿のため芽は長くのびきって食用に適さなくなる。あとは〔中略〕潜水艦用の缶づめ食だけとなるが種類は豊富でも味はほとんど変わらない。ビタミンB_1とC錠のみが脚気と壊血病〔ビタミンCの欠乏によっておこる病気、出血により貧血をおこす〕発生を防ぐ唯一の方法である。

(『海ゆかば　海軍軍医学校戸塚一期戦没者追悼録』)

また、乗員にとって最後の「頼みの綱」である缶詰食は、「缶臭が鼻につき、肉でも魚でも天然のものと違って柔らかすぎて歯ごたえがな」く、乗員からは「あまり好まれなかった」（『日本海軍食生活史話』）。

さらに、潜水艦乗員用の「潜水艦糧食」には、別の問題もあった。それが、高カロリー食（一人一日当り四三八四カロリー）を採用していたことである。賀陽徹生は、「潜水艦内の環境下では、胃腸の消化吸収能力にも限界があり、代謝の過程においても肝臓、腎臓をはじめとする各器官の負担を増大」するため、低カロリー食を採用すべきだった。にもかかわらず、高カロリー食にしたことは、「栄養学的に反省しなければならない」としている（『日本海軍潜水艦史』）。

特殊環境下の乗員の健康

こうした過酷な環境の下に置かれていたため、潜水艦の乗員は健康を害する者が少なくなかった。

元海軍軍医大尉で、戦時中は「潜水艦衛生」の調査・研究にあたっていた伊藤信義は、戦後その成果を論文にまとめている。伊藤論文によれば、乗員は長期間「高温、高湿、高濃度炭酸ガス、酸素含有量の減少、長期に亘《わた》る日光無照射、運動不足、生糧品の欠乏」等々の「極めて特異な環境下におかれ」る。その結果、「ビタミンC減少症、中等程度の肝機能障害の他に、疲労困憊《こんぱい》の状態に陥り、皮膚病が多発する。疲労の本態は熱《ねっ》疲憊《ひはい》とみるべく、肉体疲労の他に精神神経性疲労が目立」ったという（「特殊環境と体力」）。

乗員の健康状態については、伊号第八潜水艦の乗員だった中山四呂三郎の回想が印象的である。中山は呉軍港に帰港した直後の状況について、次のように回想している。

長い行動を終了し、呉に向かいました。久しぶりのわが家、幾十日ぶりの太陽。長い潜水艦生活のためか、身体が衰弱して歩行が思うにまかせず、一〇〇メートル歩くと石のうえ、しばらく歩くと木の根と、あちらこちらで休息しながら、ようやくわが家にたどり着くありさま。久しぶりの風呂で、「アカ」落としに二時間余りもかけたが落ちきれない。心労も激しく、もとのわが身に戻るのに一週間は要したでしょうか。

（『伊号第八潜水艦史』）

アメリカ海軍の潜水艦との比較

結局、日本海軍には、十分な居住性を確保し兵員の健康・体力の維持に配慮することが戦闘力の維持・増強につながるという発想が欠如していた。この点は、アメリカ海軍と比較すれば明らかである。

日本海軍の「潜水艦乗り」だった千葉哲夫は、一九五五年に海上自衛隊からアメリカ海軍潜水学校に派遣され、第二次大戦中のアメリカの潜水艦（ガトー級）を見学している。そのときのことを千葉は、次のように回想している。

それまでは潜水艦とは苛酷な条件のもとにあるのが当りまえ、それが異常であるという認識は全くありませんでした。ところがアメリカ潜水艦に接してその人間性を重視した機能や環境条件に接して大変衝撃を受けました。〔中略〕苛酷な条件のもとで、疲労は極限におかれた人間と、快適な条件のもとで体力を温存した人間が対峙した場合を考えれば答えは自ずとあきらかでありましょう。〔中略〕日本にはどこかに人間軽視の思想があって、その点が米国とは格段の落差があったと思います。そのことが犠牲を大きくしたものであろうと考えます。

（『鎮魂』）

事実、ガトー級潜水艦では、快適さと居住性が重視されていた。艦内は空調が完備し、明るく、洗濯機と真水のシャワーが備えられていた。設備の整った調理室があり、アイスクリームや焼き立てのパンなど、新鮮な食事を兵員に提供することができた。レコード・プレーヤや映写機などの娯楽設備もあった。そして、任務を終え帰港した乗員には、ハワイでの長い休暇が与えられたのである（『太平洋の試練（下）』）。

ドイツ海軍Uボートの徹底検証

ドイツ海軍の潜水艦、Uボートは、徹底した通商破壊戦を実施することによって、連合国を脅かした。ヒトラー総統は、インド洋上で日本海軍が同様の通商破壊戦を行うことを期待して、ドイツ潜水艦二隻の寄贈を日本側に申し入れている。

このうちの一隻、ドイツ人乗員により日本に回航されることになったU五一一号は、一九四三年八月に呉に無事到着し、「呂五〇〇潜」と命名された。日本人乗員により回航されることになったもう一隻のU一二二四号は、日本に向かう途中で連合軍の攻撃により撃沈されている。

日本側は調査委員会を作って、この「呂五〇〇潜」を徹底的に調査・研究したが、日本の工業技術水準では、この艦をモデルにした潜水艦を大量に建造することは技術的に不可能であることが判明した。「かくしてドイツ首脳者が日本海軍に対し期待し、要望した潜水艦兵力の急増、インド洋交通破壊戦の画期的増強は夢と消え去った」のである（『戦史叢書　海軍軍戦備〈2〉』）。

軍事技術の面での日独格差は、居住性の問題とも関連していた。「呂五〇〇潜」とほぼ同じ大きさの日本の潜水艦は、「中型（呂三五型）」だが、「呂五〇〇潜」の乗員数は四八名、「中型（呂三五型）」の乗員数は六一名である（『世界の艦船　日本潜水艦史』）。乗員数が少ない分だけ居住性にはゆとりができることになる。

同書は「呂五〇〇潜」について、「わが呂三五型よりやや小振りな中型潜水艦で、速力と航続力は若干劣るが、攻撃力、急速潜航性、静粛性（敵に探知されないよう、艦外に音を出さない能力）、堅牢性、量産性などに優れ、乗員数は少なく、実戦能力がはるかに高い艦だった」としている。ドイツ海軍は、日本海軍と比較すると、より少ない乗員でより戦闘力の大きな潜水艦を運用していたことになる。

居住性の劣悪さは、設計思想の問題であると同時に、軍事技術の面での日独格差の結果でもあった。

4　犠牲の不平等――兵士ほど死亡率が高いのか

兵役負担の軽重

将校より下士官、下士官より兵士により大きな負荷がかかっているという問題は、「犠牲の不平等」という問題とも重なってくる。ほとんど先行研究のない分野だが、最後にこの問題を簡単に見てみよう。

渡邊勉『戦争と社会的不平等――アジア・太平洋戦争の計量歴史社会学』（二〇二〇年）は、日本の徴兵制では、管理職、専門職に就いている高学歴の「上層ホワイト」層は、どの時代でも徴集される可能性が低かったとしている。「兵役の不平等」である。不平等が生じる理由については、よくわからないが、高学歴者は、一般的には労働者や農民に比べて体格が劣るという事情を考慮しなければならない。また、徴兵検査のときに、軍医の恩情や情実によって、高学歴の若者が兵役を免れる可能性があった。このことについては、すでに論じた通りである。

大江志乃夫によれば、徴兵検査のときの身体検査を担当する医官には、戦時には現役の軍医ではなく予備役の軍医があてられる場合が多かった。また、戦時・事変の特例として、医師免許状を持つ者を、軍人としての資格によることなく医官に任命することが認められていた。こうしたことが、「医官の恩情や情実による検査結果を招いたことも ままあった」という(『村と戦争』)。

大学生の戦没率

また、戦争で生き残るためには、かなりか細い選択肢ではあったが、高学歴者には戦死する可能性がより低いと考えられた経理部の予備将校を志願するという選択があった。例えば、陸軍の幹部候補生制度である。

幹部候補生制度とは、入営した現役兵のなかから予備役の将校や下士官を選抜する制度である。志願するには中学校卒業以上の学歴を必要とした。日中全面戦争が始まると、幹部候補生出身の予備役将校は、予備役編入後、すぐに召集されて戦場に向かい、損耗率の高い第一線の下級将校の供給源となった。当然戦死率は高くなる。しかし、大学の法・経・商学部などを卒業した者の場合には、危険度がより低いと考えられた経理部の幹部候補生を志願するという選択肢があった。経理部将校は、前線後方の安全地帯でデスク・ワークに従事すると考えられたからである。

一九四三年二月に新京陸軍経理学校に入校した串田安弘は、きわめて率直に、「幹部候補生試験に際しての立て前論は、〝第一線の指揮官となって、粉骨砕身、国に尽くす〟　経理部幹部候補生試験に際しての本音論は、〝後方勤務になれば失命の可能性が少ない〟」と書いている（『新緑青々』）。

しかし、比較的危険度の低い後方勤務につくことができる高学歴者ほど戦没率が低く、そうした特権を享受できない一般の民衆ほど戦没率が高い、という関係性が実際に存在していたのだろうか。

この問いに簡単に答えられないのは、信頼するに足る軍事統計資料が残されていないからである。そのため、かなり大雑把な推定にならざるを得ないが、簡単に記しておきたい。

熊谷光久『日本軍の人的制度と問題点の研究』（一九九四年）は、日中戦争から敗戦までの陸軍全体の戦没軍人数を一四八万二三〇〇名、動員総数を一二一五万名としている。

動員総数の根拠が必ずしも明確でないが、陸軍の戦没率は一二％となる。

これに対して、近年は各大学で「学徒出陣」の研究が進み、部分的にではあるが学生の戦没率が明らかになりつつある。京都帝国大学の場合、戦没率（大学からの入隊者に占める戦没者の割合）が一番高いのは、一九四二年一〇月入学組の九・四％、一番低いのは、四二年四月入学組の二・三％である。立教大学の場合、一番高いのが一九四二年四月入学組の一〇・八％、一番低いのは、四四年一〇月入学組と四五年四月入学組の四・二％である（『検証　学徒出陣』）。

事例がまだ限られているし、高学歴者に対する不信感が根強く高学歴者を消耗品としてしか考えなかった日本の陸海軍の特性も考えなければならないが、大学生の戦没率は、一般の民衆の戦没率より低いという印象をぬぐえない。

召集をめぐる贈収賄

さらに、徴兵や召集に関する軍事行政事務を担当する連隊区司令部にも抜け道があった。

一九四三年から敗戦まで、名古屋連隊区司令部に勤務していた神戸達雄（元中佐）によれば、司令部内のある人物が、召集があるたびに、「一人ずつ名前を印した色付箋《いろふせん》」を示して、それらの人々を召集しないよう求めることが何度もあった。下士官から軍属に転じた経験豊富な人物で、他の部員は、その要求を拒否できなかった。付箋をつけられた人物には、「会社の重役が圧倒的に多」かったという（『実録太平洋戦争』第六巻）。財力のある者が、召集を免れようとしてこの人物に働きかけているのである。

同様に、大江志乃夫監修・解説『支那事変大東亜戦争間 動員概史』（一九八八年）も、召集忌避者は、生活難にあえぐ連隊区司令部の職員に接近し、「相当の金品」を「贈与」する代わりに、召集原簿から自分の名簿を「抽出破棄」してもらうことによって、召集を免れることがあったとしている。「相当の金品」を準備することのできる比較的裕福な人々による犯罪行為だろう。

ただし、地縁や血縁を利用した不正行為もあったようだ。

一九四四年一二月、富山連隊区司令部に召集された元起拓は、連隊区司令部の「将校や、下士官の許《もと》へ知人が来て、あの人を召集しないようにとか、村に協力せぬからあの人を早く召集してくれとか、依頼ごとがある」としたうえで、次のように記している。

司令部の将校、下士官、軍属は殆ど富山市と、呉西《ごせい》の集まりで、派閥人事は軍隊でも恐ろしいと思う。司令部に〔元起を〕召集してくれたのは、〔中略〕動員班軍属多賀清一さんであった。以前からの知人で、もし動員令状を〔元起に〕出すときがあれば、戦争に関係のない所へと、四月に依頼しておいたためである。ここなら〔連隊区司令部勤務なら戦地に行かないで済む〕と思って令状を出したとの話、有り難いと思った。

（『一銭五厘 兵隊の夜話』）

贈収賄というよりは、地縁、血縁がらみの「情実人事」のように読める。いずれにせよ、こうした召集をめぐる不正行為は、戦時中から「風説」という形で多くの国民の知るところとなっていた。

一九四四年七月、陸軍次官が関係陸軍部隊に発した通牒（陸密第三一七六号）は、「今又大阪連隊区司令部に於て、召集業務に関連し将校以下数名の瀆職《とくしょく》事件の発生を見たる外《ほか》、連隊区司令官自ら収賄の罪を犯したる事実あり。尚巷間《なおこうかん》〔「街のなか」の意〕此《こ》の種風説を仄聞《そくぶん》すること屢々《しばしば》なるは、極めて遺憾とする所なり」として、監督指導の強化を求めている。

食糧の分配をめぐる不平等

兵士の生死にかかわる重要問題としては、補給を絶たれた島々における食糧分配の問題がある。中部太平洋のメレヨン島は多数の餓死者を出したことで有名である。この島に軍医として派遣されていた中野嘉一は、一九四五年一月一〇日の日記に、自分たち将校は米一日三〇〇グラムを食べている、「実に有難い」が、兵士は一日一五〇グラムで「いつも雑炊だ。戦争は何のためにやるか分からぬ」と書いている（『メレヨン島・ある軍医の日記』）。将校には兵士の二倍の米が支給されていることがわかる。

さらに、メレヨン島駐屯陸軍部隊の中隊長、桑江良逢（敗戦時、大尉）の一九四四年一一月一四日の日記にも、「幹部の存否が戦力に及ぼす影響の極めて大なるを思うとき、幹部は飽迄《あくまで》も健在せざるべからず。故《ゆえ》に増食の必要は認むるも増食の量をどの程度にするかが重大問題」だとして、将校への増食を迷いながらも、結局は是認する記述がある（『メレヨン島生と死の記録』）。

東カロリン諸島のクサイ島（クサイエ島とも呼ばれる）も、補給を絶たれて飢えに苦しめられた島である。

この島に駐屯していた歩兵第一〇七連隊については、階級別・時系列別の平均体重を示した資料が残されている。この資料に基づき一九四四年一月の上陸時と敗戦時の体重を比較したのが表11である。

将校は増減がないのに対して、下士官はマイナス三キロ、兵士はマイナス四・二キロである。食糧の分配に関する記録は残されていないが、平均体重にこれだけの差が出る以上、「上に厚く下に薄い」食糧の分配が行われていたことは間違いないだろう。

さらに、兵士の場合でも下級兵ほど飢えは深刻だった、クサイ島駐屯南洋第二支隊の池野博は次のように記している。「食糧難のため、陣地構築のあいまを見ての食糧さがし、二年兵、三年兵はなんとか暇はあるが、二年たっても初年兵、三年目をむかえても初年兵の兵隊さんは食糧さがしも思うにまかせず、多くの栄養失調死をまねいた」(『遥かなりきクサイエ島』)。

表11 歩兵第107連隊(クサイ島守備)における階級別平均体重

	1944年1月	1945年8月	増減
将校	61.4kg	61.4kg	0
下士官	60.3kg	57.3kg	−3kg
兵	58.9kg	54.7kg	−4.2kg

出典:歩兵第107連隊「戦史資料」(C22110034000)

入営して二年目、三年目の古参兵には食糧探しの時間がある。しかし、補給が絶たれていて新たな人員の補充がないため、初年兵で上陸した兵士は、「万年初年兵」として古参兵の世話に追われ、食糧探しもままならなかった。

見逃すことができないのは、食糧の分配をめぐる不平等が、上官と部下との間の信頼関係を大きく傷つけたことである。このことは、戦後の日本人の軍隊観や戦争観に、大きな影響を及ぼしている。

マーシャル諸島のミレー島も深刻な飢えに苦しめられた島である。同島に駐屯していた歩兵第一二二連隊南洋第一支隊の曹長だった神森繁国は、一九四五年八月一〇日、中隊長から毎日中隊長に「応援食」（増加食）を提供せよ、という命令を受けている。神森はこの日の日記に、「なんぼ上官だからとて餓死線上を彷徨《ほうこう》しつつある兵に『応援食を提供せよ』とは、ちと虫がよすぎはせぬか。〔中略〕日本武士、日本の将校のやる事か。嗚呼《ああ》、ここにも世の末を思わせる一事がある。廃《すた》れた腐った。見にくい事なり」と記している（『ミレー島戦記』）。

戦死をめぐる不平等

最大の難問は、軍隊内の階級の違いによって、戦死をめぐる「犠牲の不平等」が成立しているか、という問題である。つまり、階級が上がれば上がるほど、後方の安全地帯にいることが多いので、戦没（戦死プラス戦病死）率が下がり、階級が下がれば下がるほど、最前線に投入されるので、戦没率が上がるという関係が成立しているかどうかである。

『日本軍兵士』でも、指摘したように、日本政府は、年次別・年齢別・階級別の戦死者数・戦没者数を集計し、公表することを怠っている。都道府県レベルでは、岩手県だけが、集計と公表を行っている（岩手県編『援護の記録』）。ただその場合でも、下は「二等兵」から、上は「佐官」、「将官」に至るまでの各階級ごとに戦没者数を示しているだけである。

例えば、上等兵の場合、四四六〇名という戦没者数を掲げているだけで、上等兵全体の人員数を示していない。そのため、上等兵の戦没率（上等兵のなかに占める戦没者の割合）を把握できないという問題がある。

また、階級別の戦没率には複雑な要因が絡んでいる。一例をあげるならば、「尉官」クラス（少尉・中尉・大尉）の戦死率（戦闘による死者の割合）はかなり高いようだ。彼らの多くは損耗の激しい第一線の小隊長・中隊長クラスとして、最前線で戦う場合が多いからである。将校だから戦死率が低いとは、必ずしも言えないのである。

さらに日本軍の場合、人命を軽視した突撃第一主義を特質にしているため、第一線で戦う将校の損耗は、いっそう高くなったと考えられる。

メレヨン島とパラオ本島

しかし、それでも、補給を絶たれて飢餓に苦しめられた離島の守備隊のようなある種の極限状態の下では、より下の階級の者により大きな負荷がかかるという関係性は成立していると思われる。

この問題については藤原彰の先駆的分析がある（『天皇制と軍隊』）。藤原によれば、米軍の上陸はなかったものの、補給を絶たれて飢餓状態に陥ったメレヨン島の場合、戦没者（戦死プラス戦病死、この島ではほとんどが戦病死）の階級別割合は、将校は全将校のうち三三％が死没、准士官は二三％が死没、下士官は六四％が死没、兵士は八二％が死没である。明らかに階級が上がるにしたがって戦没率が低下している。

背景には、すでに述べたように、食糧の中央管理が徹底し食糧が上に厚く下に薄く配分されている現実があった。

作家の澤地久枝も戦没率を問題にしている。澤地が分析の対象としたのは、多数の餓死者を出したパラオ本島駐屯の歩兵第五九連隊の事例である。

この連隊については詳細な人事記録が残されていた。その人事記録によれば、将校の戦没者数四名（全戦没者の〇・五六％）、下士官の戦没者数四一名（五・七六％）、兵士の戦没者数六六七名（九三・六八％）である（前掲『ベラウの生と死』）。

この連隊も米軍の上陸のないまま敗戦を迎えているので、戦没者の大部分は戦病死者（餓死者）である。また、敗戦時の陸軍の人員を見てみると、全体の人員数は六三九万八〇〇〇名、このうち将校が一五万二〇〇〇名（全体の二・四％）、准士官・下士官が五八万九〇〇〇名（全体の九・二％）、兵士が五六五万七〇〇〇名（全体の八八・四％）である（『昭和国勢総覧（下）』一九八〇年）。将校、准士官・下士官、兵士のこの構成比を考慮するならば、パラオ本島では将校の戦没率の低さと兵士の戦没率の高さが際立っていることがわかる。

長台関での階級間格差

「長台関の悲劇」の場合も、やはり「階級間格差」の問題があった。

中国戦線で従軍した森金千秋は、「長台関の悲劇」について次のように記している。

「師団百六十六名の犠牲者は重装備と疲労の果てに斃《たお》れたもので、死者は全部兵だけで将校は一名も無かった。これは空前絶後の記録で、戦闘間日本陸軍が如何に超重量物を兵に強制して背負わせたかという実証になろうかと思う」（『攻城』）。

死者の全員が兵士だという指摘は史料上の根拠が不明である。ただ、第二七師団のうち、支那駐屯歩兵第一連隊と支那駐屯歩兵第三連隊の部隊史には、戦没者名簿が掲載されているので、それで戦没者を確認することができる。なお、第二七師団は、三つの歩兵連隊の他、砲兵連隊・工兵連隊・輜重兵連隊各一などからなる。

連隊史掲載の戦没者名簿によれば、支那駐屯歩兵第一連隊の長台関における戦病死者は、兵長一〇名、上等兵二六名、合計三六名である（『支那駐屯歩兵第一連隊史』）。支那駐屯歩兵第三連隊の戦病死者は、兵長一名、上等兵一六名、一等兵一八名、合計三五名である（前掲『支那駐屯歩兵第三連隊戦誌』）。兵の階級は、下から二等兵・一等兵・上等兵・兵長（一九四〇年に新設）だが、二つの歩兵連隊ともに、将校はおろか下士官の戦没者すら一名も存在しないことがわかる。兵士だけが死んでいるという森金の指摘は、妥当なものだと思われる。

表12　陸軍士官学校卒業生の戦没者

期	卒業年次（年）	卒業者数（人）	戦死者数（人）	戦病死者数（人）	戦没者数（人）	戦没率（%）	戦病死率（%）
		a	b	c	b+c	(b+c)/a ×100	c/(b+c) ×100
45	1933	337	64	7	71	21.1	9.9
50	37 38	466	129	18	147	31.6	12.2
52	39	635	167	18	185	29.1	9.7
54	40 41	2186	762	92	854	39.1	10.8

註記：50期の数字は1937年と1938年の卒業者の合計，54期の数字は1940年と1941年の卒業者の合計
出典：桑原嶽『市ヶ谷台に学んだ人々』（文京出版，2000年）

正規将校の戦病死率

ここまで述べてきた「犠牲の不平等」は、戦病死に関わるものが多い。そこで、陸軍士官学校を卒業した正規将校について、戦病死者の状況を見てみたい。

桑原嶽『市ヶ谷台に学んだ人々』（二〇〇〇年）は、士官学校各期の「人物の動静」を概観した著作だが、そのうち戦死者数・戦病死者数の記載がある四つの期のデータを整理したのが表12である。

満州事変期の卒業生でも全体の二割が、日中戦争期の卒業生では全体の三割から四割が戦没していることがわかる。非常に高い戦没率である。

しかし、戦病死に着目してみると、全戦没者のなかに占める戦病死者の割合は、一〇％前後に過ぎない。これはすでにみてきた日中戦争以降の戦

病死率と比べるとかなり低い数値である。つまり、日本軍が人命軽視の突撃第一主義を作戦上の特質にしていたこともあって、将校からも多数の戦死者を出している半面、給養や医療の面で将校は優遇されるため、戦病死率は低くなると考えられる。

ただし、当時の日本社会では、戦死と比べて戦病死をより「不名誉な死」とみなす風潮があった。そのため、第一線では戦病死の将兵を戦死と偽って報告する場合があった。そのことを考えると、将校の戦病死率は、実際にはもう少し高いかもしれない。

いずれにせよ、この「犠牲の不平等」という問題は、今後深めていくべき、重要な研究課題である。

コラム⑤

軍歴証明と国の責任

軍歴証明という行政用語を耳にしたことがあるだろうか。

軍歴証明（あるいは軍歴証明書）とは、かつて陸海軍の兵士であった人の入隊から除隊までの履歴である。本人やその親族が交付申請をすることができる。請求先は陸軍の場合は本籍地の都道府県、海軍の場合は厚生労働省である。

もともとは軍人恩給の申請などに必要な書類だが、最近は子や孫の世代からの申請が増えているという。事実、『軍歴証明の見方・読み方・とり方』という本も刊行されている。父や祖父の戦争体験に関心を持つ人が、増えていることとの反映だろう。

しかし、この軍歴証明には大きな問題がある。一人ひとりの軍人の履歴に関する基礎的データが失われているため、軍歴を証明できない場合があるからだ。具体的に見てみよう。

軍歴証明のための基礎書類は兵籍簿《へいせきぼ》である。一人ひとりの軍人の履歴書であり、召集や復員の年月日、進級や部隊の移動などのデータが記載されている。だが、その兵籍簿自体が失われていたり、きわめて不十分なものしか残されていないことがある。所属部隊の全滅、空襲による消失、敗戦直後の焼却が原因である（「終戦前後における陸軍兵籍簿滅失の原因とその類型化」）。敗戦前後の時期に、陸海軍が戦争責任や戦争犯罪の追及を恐れて、大量の公文書を焼却していたことはよく知られている。しかし、兵籍簿のような個人の記録まで焼却の対象となったことは、あまり知られていない。

なお、米山忠治は、一九四五年八月一六日、兵籍簿の焼却を命じられたときのことを、次のように回想している。兵籍簿の焼却に関する貴重な回想である。

兵籍簿のボール紙の表紙・背表紙を外し、ばらして穴の中へ。そして火が付けられました。一人残された私は長い竹竿《たけざお》を渡され、大量の紙片を焼き尽くすため、よくかき混ぜるよう命じられました。

（『東京新聞』二〇二三年八月一五日付）

厚生省によれば、昭和の時代の軍隊経験者数は約九七〇万名、そのうち約二四〇万名分の兵籍簿等の基礎データが行方不明であり、現存しているものも不完全なものが多いという（『援護50年史』）。

また同書は、「戦後50年という節目を迎えた昨今においては、〔中略〕自分の回顧録を作成する基とするための軍歴調査、あるいは戦没者の慰霊をするための戦没状況調査の依頼が多くなってきている」としているが、データが不備で依頼に十分対応できなかったのではないか。

事実、私の友人が取り寄せた父親の軍歴証明は、日中戦争中の召集・召集解除に関しては年月日、部隊名について詳しい記載がある。ところが、アジア・太平洋戦争中の召集に関しては、「昭和20 9 28 復員」と記載されているだけで、いつ、どの部隊に再召集されたのかもわからない杜撰《ずさん》なものだった。国家の命令によって召集され軍務についた者に関しては、その個人記録を整備し、必要な場合は補正する責任が政府の側にあるはずである。しかし、現状ではそうなっていない。

これに対し、米軍の場合は、戦死者の遺品を返還し、戦死時の状況について遺族に詳細な情報を提供するだけでなく、遺族からの照会に関しても丁寧に対応している。

澤地久枝は、一九四二年六月のミッドウェー海戦における日米両軍のすべての戦死者を追跡調査し、大作『滄海《うみ》よ眠れ』(全六巻)をまとめた。澤地は調査の過程で、戦死時の状況など、遺族に提供される戦死者に関する情報が、日本の場合、アメリカと比較してきわめて乏しいことに驚き、この日米格差について、「戦死者、とくに階級の低い戦死者が忘られがちであることは、日米に共通しているとしても、アメリカ人のいのちの方がはるかに重いといわざるを得ません」と指摘している(『いのちの重さ』)。

また、軍歴証明に関しては政府が統一した方針をもたず、各都道府県に丸投げされているのが現実のようだ。

陸軍の資料を所管する各都道府県のうち三一道府県は交付申請ができる遺族の範囲を三親等内に限定し、他の一六都府県及び海軍の資料を所管する厚生労働省は六親等内とするなど、「親族の戦争体験を知る機会に格差が生じている」という(『読売新聞』二〇二〇年二月三日付)。

「戦争の後始末」という点で、日本政府は自らの責任を果たしていないと言わざるを得ない。

おわりに

日中全面戦争下、野放図な軍拡

以上見てきたように、帝国陸海軍は、一九二〇年代以降、軍事医療や軍事衛生、さらには、兵士に対する給養などの面でも、近代化や改革に積極的に取り組んできた。その努力を無に帰したのが日中戦争だった。最後に、日中全面戦争の長期化とその下での野放図な軍拡が持った意味について考えてみたい。

日中戦争期に、臨時軍事費（臨軍費）が成立したことは大きな意味を持った。臨時軍事費とは、戦争の開始から終結までを一会計年度とする特別会計であり、戦争を遂行するための戦費である。決算は、戦争終結後に行われる。予算編成にあたっては、大蔵省の審査も不十分な形でしか行われず、予算の細目が示されないため、議会の審議も形式的なものに終わった。軍事機密を理由にして、政府や議会の関与を排除することのできる特殊な軍事予算である。

日中戦争の場合、開戦後の一九三七年九月に召集された第七二臨時議会で最初の臨時軍事費が成立し、以後、アジア・太平洋戦争の開戦までに、六次にわたる追加予算が議会を通過している。この臨軍費は、陸海軍からすれば、使い勝手のいい予算だった。日中戦争の戦費として成立した予算のかなりの部分を転用して、陸軍で言えば対ソ軍備の、海軍で言えば対米軍備の充実に充てることができたからである。事実、日中戦争期に軍備の拡充は確実に進んだ。

宇垣一成の陸軍上層部批判

しかし、軍備の拡充の「質」が問われなければならない。日中戦争期の軍備の拡充は、陸軍の場合、兵力の増大、特に師団数の増大に力が注がれた。一九三七年末の陸軍の師団数は二四個師団、兵力は九五万名である。それが一九四一年末には、五一個師団・二一〇万名に、さらに四五年八月の敗戦時には、一六九個師団・五四七万名に膨張している（前掲『軍備拡張の近代史』）。

こうしたいわば「頭数」を増やすだけの軍拡方式に批判的な軍人もいた。たとえば、宇垣一成・陸軍大将である。宇垣は陸相時代の一九二五年（大正一四）年に「宇垣軍縮」と呼ばれる軍縮を断行したことで知られる。軍縮を求める世論に応じる形で四個師団を廃止する一方で、節減した予算を使って戦車部隊・航空部隊・高射砲部隊などを新設した。軍備の近代化・機械化のための「軍縮」である。

その宇垣は、一九四〇年五月一九日の日記に、陸軍上層部を批判して、「不変相《あいかわらず》軍の機械化よりも師団数増設に焦心して今日の作戦停頓《ていとん》の状〔中国戦線の行き詰まりのこと〕を呈しあるは遺憾なり」と書いている。また、同年五月三〇日の日記でも、「〔陸軍の上層部は〕心から軍の充実拡張の重点は師団数の増加に在《あ》りと信じ」、「軍の機械化科学化」の必要性を理解していないと批判している。

「機械化科学化」という言葉で宇垣が念頭に置いているのは、自動車の大量導入、戦車や装甲車を中心にした機甲部隊の新設、新兵器の導入などである。

騎兵監・吉田悳の意見書

宇垣は一九三一年に予備役に編入され現役を退いているが、現役の軍人のなかにも、師団の増設と軍の機械化は両立しないという認識を持つ者がいた。騎兵の機械化（自動車化）と機甲部隊の拡充を強く主張した騎兵監（騎兵の教育の総責任者）の吉田悳・陸軍中将である。

吉田の意見書、「装甲兵団と帝国の陸上軍備」（一九四〇年一〇月）を見てみよう。吉田によれば、開戦と同時に多数の国民を召集して前線に投入すれば、「国内の軍需要員並に民需要員」が減少して、「軍需資材の補給力は減退し」、「民需資源の生産を阻害」する。したがって、「現代戦に於《おい》ては、いたずらに戦場兵力の増大にばかり専念しても、銃後に要する人的資源との諧調《かいちょう》を失ったならば、戦力は却《かえ》って低下する」。戦力の低下を避けるためには、「戦場要員を努めて減少すること」が、「近代軍建設の重要着眼であり」、そのために必要なのは、「軍の徹底せる機械化であり装甲兵団の建設である」。

国内の軍需生産・民需生産に配慮しつつ、軍の機械化と機甲部隊の創設とによって、前線の兵力数を極力減少させるという構想である。吉田中将のような構想は少数派にとどまったが、師団の増設より軍の機械化が重要だとする現役軍人も存在したのである。

日本陸軍機械化の限界

ここで陸軍の機械化の進展状況を簡単に見ておこう。

第一次世界大戦では、戦車や自動車などの新兵器が活躍した。しかし、機関銃などの発達によって、乗馬した騎兵が戦闘で大きな役割を果たす余地はもはや残されていなかった。騎兵は時代遅れの戦力となった。このため欧米列強は、第一次世界大戦後、騎兵を廃止して、陸軍の機械化や機甲部隊の増強に力を注ぐことになる。日本でも騎兵廃止論が台頭するが、財政的制約もあって、騎兵の機械化という現実的な路線が選択された。一九四一（昭和一六）年四月、教育総監部の騎兵監部（そのトップが騎兵監）が廃止され、機甲部隊と騎兵部隊の教育などを担当する陸軍機甲本部が創設されている。

日中戦争開戦後の軍拡は、騎兵の機械化にとってたしかに追い風となった。新設の師団には従来の騎兵連隊に代わって装甲車などからなる捜索隊が配備され、既存の騎兵連隊も自動車や装甲車を装備した捜索連隊にしだいに改編されていったからである。

しかし、自動車や装甲車の生産が追いつかないため、アジア・太平洋戦争が始まると、新設の師団には、騎兵隊も捜索隊も配備されない師団が増えただけでなく、既存の騎兵大隊・騎兵連隊、捜索隊・捜索連隊のなかには解隊される部隊まで出てきた。また、装甲車も自動車もなく、単なる徒歩部隊となった捜索連隊も少なくなかった。

その結果、敗戦時の部隊数は、騎兵大隊・騎兵連隊が一五隊、捜索隊・捜索連隊が二二隊、合計三七隊にとどまった。敗戦時の一般師団の総数は一六四個師団にも達しているから、多少なりとも機械化された固有の部隊を持つ師団は、全体のわずか二二・六％にすぎないことになる（『日本騎兵史（上巻）』）。つまり、増設されたすべての師団を機械化するだけの経済力・工業力は、日本にはなかったのである。

追いつかなかった軍備の充実

同時に、機械化・自動車化を支える人員も、決定的に不足していた。斉藤一雄・陸軍少佐は、日中戦争の長期化に伴って、運転手としての経歴を持つ召集兵が不足してきたとして、次のように書いている。

事変の当初は自動車の数も少なかったので、比較的多くの自動車運転手が、部隊の内に含まれて居たのですが、逐次にその数が減少し〔運転手の経験のない召集兵を〕どうしても内地の部隊で若干時間訓練をしなければならないようになりました。したがって短時日に教育した速成の訓練では、なかなか思う様に行きません。

（「国防と自動車訓練」）

斉藤の論説が掲載された『自動車記事』は、陸軍自動車学校（一九二五年創設）の研究誌、斉藤一雄は、陸軍士官学校第三八期生（一九二六年卒業）で輜重兵科の斉藤一雄だと考えられる。陸軍内で自動車の導入や開発を担当したのは輜重兵科だった。

モータリゼーションの遅れた社会で、急増する師団数に対応するだけの運転手や整備要員を短期間のうちに育成することは、事実上不可能だった。日本の場合、師団の急激な増設と軍の機械化・自動車化との間には、決定的な矛盾があったと言えよう。

念のため、運転免許の保有者数を確認しておく。軍備と軍需生産とが急速に拡大するなかで、「運転者を緊急養成する必要が出てきたため」、アジア・太平洋戦争末期の一九四四年には、自動車取締令が改正されている。改正のポイントは、免許が取得できる年齢を普通・特殊免許ともに一八歳から一五歳に引き下げることなどにあったが、その年の各種運転免許保有者数は、全国でわずか二一万七四一三名に過ぎなかった（『別冊一億人の昭和史　昭和自動車史』）。モータリゼーションの底の浅さを実感させる数値である。ちなみに、二〇二三年の運転免許保有者数は、警察庁によれば、八一八六万二七二八名である。

陸軍は、一九三六（昭和一一）年に、「軍備充実計画の大綱」を策定し、軍備拡充を開始していた。しかし、これまで見てきたところから明らかなように、日中戦争のために大兵力を中国戦線に展開したことが、軍備充実計画を挫折させる決定的要因となった。加登川幸太郎が指摘しているように、「この支那事変は、日本陸軍の本格的軍備充実を吹きとばしてしまった。百万の大軍を大陸の野に戦わせながら、新軍備の蓄積をする力は、日本にはな」かったからである（『増補改訂 帝国陸軍機甲部隊』）。加登川は、元陸軍中佐で戦車学校教官の経歴を持ち、戦後は戦史研究者として活躍した人物である。

結局、日本の国力では、臨時軍事費の転用などによって、「正面装備」の充実はある程度実現したものの、軍の機械化・自動車化、兵站の整備、軍事衛生や軍事医療、給養の充実などの課題はすべて先送りとなった。「奥行き」のある軍備は、最後まで実現できなかったのである。そのことは兵士にいっそう過重な負担を強いることを意味した。

同時に、射程をさらに伸ばして考えれば、アジア・太平洋戦争における「大日本帝国」の悲惨な敗北を準備したのは、軍事史的にみれば、日中全面戦争の長期化と戦略的見通しを欠いた無統制な軍拡だった、と言うことができるだろう。

あとがき

戦後の日本で軍事史関係者の学会、「軍事史学会」が結成されたのは、「戦後二〇年」の年、一九六五年のことである。学会としては、かなり遅い出発である。二〇一二年に同会会長に就任する黒沢文貴は、会の発足について、次のように書いている。黒沢は私と同世代の日本史研究者である。

軍事史という学術分野そのものは、他の学術分野に比してその後も長らく困難な環境にありました。なによりも軍事史研究そのものが、ある種批判の対象でありましたし、それを研究する者に対しても、懐疑的な眼差しが向けられるという雰囲気もありました。（「学会創立五〇周年に寄せて」、『軍事史学』第五一巻第四号、二〇一六年）

私は一九五四年生まれの戦後世代の研究者だが、私自身のなかにもいまだに、「軍事史研究者」と名乗り、「軍事史研究者」と呼ばれることに対するためらいがある。このことは、日本における戦後の歴史学のあり方と深く関係している。

悲惨で破滅的な敗戦の結果、戦後の日本社会では軍隊や戦争に対する強い忌避意識が生まれた。「軍隊や戦争はもうこりごり」という体験的・実感的平和主義である。歴史学界もそうした忌避感と無縁ではなく、軍事史研究は、戦争を正当化し戦争に奉仕する学問であるという考え方が根強かった。そのため、軍事史研究は周縁に追いやられることになったのである。日本の軍事史研究は、ある時期まで、ほとんど旧軍人と自衛隊関係者だけによって担われてきたと言えるだろう。

こうした状況に大きな変化が生じるのは、日本史研究の分野では一九九〇年代以降のことである。戦後生まれの研究者を中心にして、軍事史研究が大きく進展したのである。軍事史研究のこの活性化について、千葉功は、「ただいま、軍事史研究が百花繚乱《ひゃっかりょうらん》である。〔中略〕もともと戦前期日本において「軍事」が占める領域が大きい以上、軍事史の観点から日本近代史を分析しようとする傾向が強まるのも自然なことだろう」と書いている（『日本歴史』第八六八号、二〇二〇年）。

しかし、軍事史研究が大きく進展したと言っても、狭義の軍事史＝戦史研究の分野は手つかずの状態のままである。「戦史」という用語は、一般的には「戦争の歴史」という意味で使われることもある。しかし、軍事史研究のなかの研究分野として使う場合には、大木毅が、「狭義の軍事史」として位置付けている作戦史、戦闘史、軍事思想史などを指すものと理解していいだろう（『歴史・戦史・現代史』角川新書、二〇二三年）。しかし、これまでの戦史研究は、過去及び現代の戦闘の勝因や敗因を分析し、将来の戦闘に勝利するための教訓を導き出す「戦訓研究」の傾向が色濃い。

歴史研究者としての私が、やってきたことは、この戦史研究の分野に歴史学研究の分野から割って入り、戦闘や戦場の実態を、民衆史、社会史、地域史などの手法でとらえ直すこと、そして、そのことによって、戦場や戦闘のリアルで凄惨な現実を明らかにすることだった。その最初の試みが前著『日本軍兵士』である。

その続編である本書では、アジア・太平洋戦争における大量死の歴史的背景を、明治時代にまで遡《さかのぼ》って明らかにすることを課題とした。

しかし、残された史料があまりにも少ないことに最後まで悩まされ続けた。私がいままでに書いた本のなかで、今回ほど「空振り」の多かった本は他にないように思う。先行研究が少ないため、自分でいわば「ヤマカン」であたりをつけて調べ始めることになるが、なかなかいい史料に到達できないのである。

書名がすでにわかっている文献の場合でも苦労させられた。例えば、海軍の「衣食住」を担当している主計科将校の機関誌は『主計会報告』だが、これがなかなか見つからない。所蔵している図書館があってもごく一部を所蔵しているだけである。ある国立大学が一九三〇年代の同誌をかなり所蔵していることがわかったが、閲覧ができない。おそらく教員研究室で所蔵しているものだろう。結局、海軍の「衣食住」に関しては、パン食廃止の経緯など、わからないことが多いまま、執筆せざるを得なかった。本当に残念である。

ちなみに、陸軍の「衣食住」を担当している経理部将校の機関誌は、『陸軍主計団記事』である。これに関しては、旧経理将校の親睦団体である若松会が創刊号から最終号までの全冊を、陸上自衛隊業務学校（現在は小平学校に改編）に寄贈していることがわかっていた。何年か前のことになるが、小平学校に問い合わせたところ、「捜索をしましたが見つかりませんでした」との回答だった。行方不明か廃棄処分ということのようだが、これには愕然《がくぜん》とした。幸い、同誌に関しては、靖国偕行文庫にかなりの所蔵があり、自分でも古書店でかなりの冊数を買い求めることができた。
そんなこんなで、前著の刊行から本書の刊行まで七年を要した。それでも何とか本書をまとめることができた。加齢に抗して、かなりの踏ん張りをみせたと自分でも思う。中公新書編集部の白戸直人さんのアドバイスもありがたかった。白戸さんの「注文」に応じるため、新たな史料を探していくうちに、本書がしだいに形を成していったというのが実感である。また、一橋大学ジュニア・フェローのキム・ユビさん、大学院生の野村綾子さんには、史料の収集や整理の面で手助けをしていただいた。ともに記して感謝の意を表したい。

二〇二四年一〇月

吉田　裕

参考文献

・引用した一次史料は、主として靖国偕行文庫、アジア歴史資料センター、昭和館などに所蔵されているものである。
・文献のサブタイトルは、原則として省いた。

全体に関わるもの

伊香俊哉『戦争の日本史22　満洲事変から日中全面戦争へ』吉川弘文館、二〇〇七年
生田惇『日本陸軍史』教育社、一九八〇年
一ノ瀬俊也『近代日本の徴兵制と社会』吉川弘文館、二〇〇四年
一ノ瀬俊也『皇軍兵士の日常生活』講談社現代新書、二〇〇九年
江口圭一『十五年戦争小史』ちくま学芸文庫、二〇二〇年
遠藤芳信『近代日本軍隊教育史研究』青木書店、一九九四年
大江志乃夫『徴兵制』岩波新書、一九八一年
大江志乃夫『昭和の歴史　第3巻　天皇の軍隊』小学館、一九八二年
奥村房夫監修『近代日本戦争史』全4巻、同台経済懇話会、一九九五年
海軍歴史保存会編『日本海軍史』全一一巻、海軍歴史保存会、一九九五年
笠原十九司『日中戦争全史（上）（下）』高文研、二〇一七年
加藤陽子『徴兵制と近代日本　1868-1945』吉川弘文館、一九九六年
刊行委員会編『輜重兵史　上巻　沿革編・自動車編』非売品、一九七九年
刊行委員会編『輜重兵史　下巻　戦史編』非売品、一九七九年
菊池邦作『徴兵忌避の研究』立風書房、一九七七年
倉沢愛子、杉原達、成田龍一、テッサ・モーリス - スズキ、油井大三郎、吉田裕 編『岩波講座　アジア・太平洋戦争』全八巻、岩波書店、二〇〇五〜二〇〇六年
桑田悦・前原徹『日本の戦争　図解とデータ』原書房、

一九八二年
小林啓治『戦争の日本史21　総力戦とデモクラシー』吉川弘文館、二〇〇八年
秦郁彦『日本陸海軍総合辞典［第2版］』東京大学出版会、二〇〇五年
原田敬一『戦争の日本史19　日清戦争』吉川弘文館、二〇〇八年
原剛・安岡昭男編『日本陸海軍事典』新人物往来社、一九九七年
檜山幸夫『日清戦争の研究（中）』ゆまに書房、二〇二二年
藤井忠俊『兵たちの戦争　手紙・日記・体験記を読み解く』朝日文庫、二〇一九年
藤原彰『日本軍事史（上）（下）』社会批評社、二〇〇六・二〇〇七年
編纂委員会編『上越市史　別編7（兵事資料）』上越市、二〇〇〇年
編纂委員会編『上越市史　通史編5』上越市、二〇〇四年
防衛庁防衛研修所戦史部『戦史叢書　陸海軍年表』朝雲新聞社、一九八〇年
保谷徹『戦争の日本史18　戊辰戦争』吉川弘文館、二〇〇七年
伊藤隆監修・百瀬孝著『事典　昭和戦前期の日本　制度と実態』吉川弘文館、一九九〇年
森松俊夫『図説陸軍史』建帛社、一九九一年
山田朗『軍備拡張の近代史　日本軍の膨張と崩壊』吉川弘文館、一九九七年
山田朗『戦争の日本史20　世界史の中の日露戦争』吉川弘文館、二〇〇九年
吉田裕『日本の軍隊　兵士たちの近代史』岩波新書、二〇〇二年
吉田裕『アジア・太平洋戦争』岩波新書、二〇〇七年
吉田裕・森茂樹『戦争の日本史23　アジア・太平洋戦争』吉川弘文館、二〇〇七年
吉田裕『現代歴史学と軍事史研究　その新たな可能性』校倉書房、二〇一二年
吉田裕・森武麿・伊香俊哉・高岡裕之編『アジア・太平洋戦争辞典』吉川弘文館、二〇一五年
『〈歴史群像〉太平洋戦争戦史シリーズ39　帝国陸軍戦場の衣食住：糧食を軸に解き明かす〝知られざる陸軍〟の全貌』学習研究社、二〇〇二年

はじめに
吉田裕『日本軍兵士　アジア・太平洋戦争の現実』中公新書、二〇一七年
夏目漱石『それから』角川文庫、一九六八年
山田朗『軍備拡張の近代史』吉川弘文館、一九九七年

安部彦太「大東亜戦争の計数的分析」、近藤新治編『近代日本戦争史　第4編　大東亜戦争』同台経済懇話会、一九九五年
澤地久枝『ベラウの生と死』講談社文庫、一九九七年
東洋経済新報社編『昭和国勢総覧（下）』東洋経済新報社、一九八〇年
東洋経済新報社編『完結　昭和国勢総覧』第三巻、東洋経済新報社、一九九一年
文部省『日本の成長と教育』帝国地方行政学会、一九六二年
石渡幸二『艦船夜話』出版協同社、一九八四年
真鍋元之『ある日、赤紙が来て』光人社NF文庫、一九九四年
深緑野分『戦場のコックたち』創元推理文庫、二〇一九年
「奪われる生活を地続きで想像」、『朝日新聞』二〇二三年八月一六日付

序　章

大江志乃夫『日露戦争の軍事史的研究』岩波書店、一九七六年
大谷正『日清戦争』中公新書、二〇一四年
酒井シヅ編『疫病の時代』大修館書店、一九九九年
加藤真生「明治期日本陸軍衛生部の補充・教育制度の社会史」、『専修史学』第七四号、二〇二三年
陸軍省編『日清戦争統計集　上巻2』海路書院、二〇〇五年
佐藤栄孝編『靴産業百年史』非売品、一九七一年
編纂委員編『日露戦役給養史』第四巻、一九一二年
平山多次郎『日露戦争より得たる野戦給養勤務上の教訓』陸軍主計団記事発行所、一九一五年
陸軍省『大正三年戦役衛生史』第四編、一九一七年
陸軍省『大正三年戦役衛生史』第五編、一九一七年
原暉之ほか編『日本帝国の膨張と縮小』北海道大学出版会、二〇二三年
靖国神社社務所編『靖国神社忠魂史』第五巻、非売品、一九三三年
陸軍省『西伯利出兵衛生史』第二巻、刊行年不詳
陸軍省『西伯利出兵衛生史』第五巻、刊行年不詳
速水融『日本を襲ったスペイン・インフルエンザ』藤原書房、二〇〇六年
陸軍軍医団『軍陣防疫学教程』、陸軍軍医団、一九三〇年
関東軍司令部『凍傷に就て』、一九三七年
編集委員会編『やすくにの祈り』産経新聞ニュースサービス、一九九九年
陸軍省『満州事変陸軍衛生史』第六巻、一九三七年
大本営陸軍部『広東省兵要地誌概説』、一九四四年
陸上自衛隊衛生学校編『大東亜戦争陸軍衛生史』全九巻、

非売品、一九六八～一九七一年
編集委員会編『援護50年史』ぎょうせい、一九九七年
桑田悦ほか編『日本の戦争』原書房、一九八二年
陸上自衛隊衛生学校編『大東亜戦争陸軍衛生史』第一巻、非売品、一九七一年
藤原彰『餓死した英霊たち』ちくま学芸文庫、二〇一八年

コラム①
参謀本部編『満州事変作戦経過ノ概要〔復刻版〕』巌南堂書店、一九七二年
陸軍史研究会編『日本陸軍の本 総解説』自由国民社、一九八五年
防衛庁防衛研修所戦史室編『戦史叢書』全一〇二巻、朝雲新聞社、一九六六～八〇年
吉田裕「戦後歴史学と軍事史研究」、吉田裕編『戦争と軍隊の政治社会史』大月書店、二〇二一年

第1章
由井正臣・藤原彰・吉田裕編『日本近代思想大系4 軍隊 兵士』岩波書店、一九八九年
水戸連隊区司令部「水戸連隊区管内民情風俗の概況」一九二〇年頃
近藤健一郎「沖縄における徴兵令施行と教育」、『北海道大学教育学部紀要』第六四号、一九九四年
中野紫葉『新兵生活』辰文館、一九一三年
池山弘「戦前期に於ける海外渡航を利用した合法的徴兵忌避」、『四日市大学論集』第22巻第2号、二〇一〇年
里見三男「軍医時代の回想」、『医学史研究』一九六三年九月号
藤井渉『障害とは何か』法律文化社、二〇一七年
稲葉良太郎「日本壮丁に関する医学的観察」、『国家医学会雑誌』第三五一号、一九一六年
薩野久法「日本人の体格の推移について」、『日本保険医学会誌』第八五巻、一九八八年
若松会編『陸軍経理部よもやま話』非売品、一九八二年
高森直史『海軍　肉じゃが物語』光人社、二〇〇六年
陸軍糧秣本廠編『日本兵食史（上）』糧友会、一九三四年
内務省衛生局『農村保健衛生実地調査成績』、一九二九年
カタジーナ・チフィエルトカ、安原美帆『秘められた和食史』新泉社、二〇一六年
昭和女子大学食物学研究室『近代日本食物史』近代文化研究所、一九七一年
丸本彰造「生活改善より観たる我国食事の改善事項に就て」、『糧食に関する研究』、一九二三年
吉田裕『日本の軍隊』岩波新書、二〇〇二年

鈴木梅太郎・井上兼雄『栄養読本』日本評論社、一九三六年
本間健彦『日本食肉文化史』非売品、一九九一年
松尾勝造『シベリア出征日記』風媒社、一九七八年
海軍省医務局『大正三四年戦役　海軍医務衛生記録』第五巻、一九一六年
内山正太郎・海軍主計中佐「海軍に於ける団体炊事の発達（上）（下）」、『糧友』第九巻第八・九号、一九三四年
「軍隊　軍艦　工場で喜ばれるお料理」、『糧友』第九巻第三号、一九三四年
第五師団経理部「中国地方出身兵はどうか―食習慣調査所見」、『糧友』第一一巻第一二号、一九三六年
陸軍省『満州事変陸軍衛生史』第三巻、一九三六年
鈴木隆雄『日本人のからだ―健康・身体データ集』朝倉書店、一九九六年
小野圭司『日本　戦争経済史』日本経済新聞出版本部、二〇二一年
木村重行『作戦給養論』第一巻、関根恵教、一九一八年
川島四郎『炊飯の科学』光生館、一九七四年
編纂委員編『日露戦役給養史』第一巻、一九一二年
大岩忠二『中支敗戦行　兵と軍馬を友として』非売品、一九八四年
国民生活研究所編『食生活の構造変化』国民生活研究所、一九六三年
高木真一「日本及び英・米国海軍の兵食」、『糧友』第九巻第一号、一九三四年
丸本彰造「軍隊主食の変革、飯パン併給制の研究実施に就て試論」、『糧友』第六巻第一〇号、一九三一年
座談会「陣中炊事の苦心を語る」、『糧友』第七巻第七号、一九三二年
第五師団経理部「入営兵の食習慣調査」、『糧友』第一〇巻第一二号、一九三五年
小泉和子編『パンと昭和』河出書房新社、二〇一七年
海軍省軍需局『海軍衣糧給与法規沿革』、一九三四年
水交会編『帝国海軍　提督達の遺稿（上）小柳資料』非売品、二〇一〇年
小泉親彦・軍医総監「国民体力の現状に就て」、『軍医団雑誌』第二八四号、一九三七年一月

コラム②

金子譲ほか「戦時下の歯科医学教育　第二編」、『歯科学報』第一二〇巻第二号、二〇二〇年
五味民啓『中国戦線九〇〇日、四二四通の手紙』本の泉社、二〇一九年
編纂委員会『日本歯磨工業会史』非売品、一九九一年
渡辺民衛『ビルマ・アッサムの死闘』旺史社、一九九九年

第2章

教育総監部「秘　事変の教訓　第九号」、一九三九年
角田順校訂『宇垣一成日記2』みすず書房、一九七〇年
清水勝嘉編『戦争栄養失調症関係資料』不二出版、一九八八年
松村弘之・主計大尉「北支作戦出動間歩兵部隊の給養に就て」
陸軍糧秣本廠『野戦給養必携』陸軍糧秣本廠高等官集会所、一九四〇年
鈴木・主計大尉「出動に伴ふ歩兵連隊給養の体験に就て」、一九三八年七月
船舶輸送司令官「衛生兵増加配属相成度件通牒」、一九四一年
吉田裕『アジア・太平洋戦争』岩波新書、二〇〇七年
防衛庁防衛研修所戦史室『支那事変陸軍作戦〈3〉』朝雲新聞社、一九七五年
内閣統計局編『日本人口統計集成』第一一巻、東洋書林、一九九五年
防衛庁防衛研修所戦史室『戦史叢書　本土決戦準備〈2〉』朝雲新聞社、一九七二年
山本和重「アジア・太平洋戦争期における第二国民兵の召集」、『東海大学紀要文学部』第一一四輯、二〇二四年
陸軍軍医団『東部第六十二部隊に於ける保育研究報告』、一九四二年
第六〇師団師団長「軍紀違反事項に関する件報告」、一九四二年五月
阿知波五郎・陸軍二等軍医「徴兵検査時に於ける吃の統計的観察」、『海軍軍医会雑誌』第二三巻第四号、一九三四年
駐蒙軍司令部「軍人の変死状況報告書」、一九四二年三月
野戦衛生長官部「現地視察に伴ふ対策事項　衛生関係」、一九四一年六月
井後彰生『征衣残影』非売品、一九八〇年
山本昂伯「戦前から戦後までの鉄兜・鉄帽について」『生活と文化』第二八号、二〇一八年
黒澤嘉幸「衛生補給の史的考察（第6報）」『防衛衛生』第三二巻第六号、一九八五年
西山靖将ほか「軍事史に学ぶ輸血用血液の重要性と人工血液への期待」、『防衛衛生』第六一巻第三・四合併号、二〇一四年
大本営政府連絡会議決定「国民生活確保の具体的方策参考資料」、一九四二年三月
石川元雄『衛生学概説』医学書院、一九五〇年
大豆生田稔『戦前日本の小麦輸入』吉川弘文館、二〇二三年

東部軍軍医部『秘　昭和十七年四月　健兵対策集合教育記事』第一巻、一九四二年
陸軍軍医団『軍隊結核の予防及診察』、一九四二年
陸軍次官「石油の消費規正強化に関する件」、一九四〇年八月
伊藤禎『大東亜戦争戦没将官列伝（陸軍・戦死編）』文芸社、二〇〇九年
森萬壽夫・海軍軍医大尉『人間の極限』恒友出版株式会社、一九七六年

コラム③
厚生労働省社会・援護局『遺骨収集事業の概要』、二〇二四年
浜井和史『戦没者遺骨収集と戦後日本』吉川弘文館、二〇二一年

第3章
林博史『沖縄戦と民衆』大月書店、二〇〇一年
東京教育大学教育学部雑司ヶ谷分校・編集委員会編『視覚障害教育百年のあゆみ』第一法規出版、一九七六年
陸軍省副官「盲聾唖者を軍人又は軍属に採用すべき建議に関する件」、一九三九年二月
岸博実「海軍技療手が体験した悲惨」、『前衛』二〇二四年二月号
障害者の太平洋戦争を記録する会編『もうひとつの太平洋戦争』立風書房、一九八一年
東久邇稔彦『一皇族の戦争日記』日本週報社、一九五七年
旧第二〇軍「大東亜戦争陸軍衛生史編纂資料」
小池猪一編著『海軍医務・衛生史』第三巻、柳原書店、一九八六年
芳我孝一編『淳誠会戦記』非売品、一九七九年
保利重三編『在りし日』非売品、一九六八年
宮崎俊匡『黒い珊瑚礁』河出書房新社、一九六〇年
飯島渉『感染症の歴史学』岩波新書、二〇二四年
角田順校訂『宇垣一成日記3』みすず書房、一九七一年
矢追秀武「伝染病に対する抵抗力と栄養」、一九四四年
陸上自衛隊衛生学校編『大東亜戦争陸軍衛生史1』非売品、一九七一年
矢追秀武『栄養と伝染病』協同医書出版社、一九四八年
第五四師団捜索第五四連隊「部隊野戦防虐要領」、一九四三年
関東甲信越田島隊有志の会編『今次太平洋戦争における宮古島防衛戦に参加して』非売品、一九九七年
北村泰一編『前橋陸軍予備士官学校　新・戦記（上）』非売品、一九九一年
中村江里「戦後日本における軍事精神医学の「遺産」とトラウマの抑圧」、蘭信三ほか編『シリーズ戦争と社

会2』岩波書店、二〇二二年
安斉貞子『野戦看護婦』富士書房、一九五三年
第一二軍司令官・土橋一次「懲罰報告」、一九四二年八月
島田稲水「呉海軍病院に於て実験せる精神病詐病に就て」、『海軍軍医会雑誌』第三六号、一九二二年
加藤正明『流木』非売品、二〇〇一年
石本茂『紅そめし草の色』北国新聞社、一九八九年
一瀬春駒『濤聲』非売品、一九八一年
北田康一・陸軍軍医少尉「山西南部各部隊に発生せる神経痛患者に就て」、一九四一年一〇月
野口冨士男『海軍日記』中公文庫、二〇二一年
石井一『はみだし兵の中国転戦記』旺史社、二〇〇三年
第四号海防艦「昭和二十年一月　戦時医事月報」、一九四五年
北尾謙三「海防艦かく戦えり」、『歴史と人物』第一〇八号、一九八〇年
荒川忠良ほか「久留米医大皮泌科十九年間の統計から観たる戦争と疥癬」、『臨牀と研究』第二三巻第一二号、一九四六年
石井寛治ほか編『日本経済史4』東京大学出版会、二〇〇七年
吉田裕「アジア・太平洋戦争の戦場と兵士」、倉沢愛子ほか編『岩波講座　アジア・太平洋戦争5』岩波書店、二〇〇六年
陸軍次官「食糧等の節用に関する件」、一九四四年五月
陸軍次官「陸密第一四九号」、一九四五年一月
陸軍省副官「食糧自活実施要領に関する件」、一九四五年一月
大内建二『輸送艦　給糧艦　測量艦　標的艦　他』光人社NF文庫、二〇一六年
村瀬敬子『冷たいおいしさの誕生―日本冷蔵庫100年』論創社、二〇〇五年
高森直史『真珠湾攻撃でパイロットは何を食べて出撃したのか』光人社NF文庫、二〇二一年
土屋太郎『ウォッゼ島籠城六百日』光人社NF文庫、二〇一二年
編纂委員会編『栄光の五九連隊』、非売品、一九八〇年
七起会文集刊行委員会編『思い出―海軍と人と』非売品、一九八八年
NHK取材班・北博昭『戦場の軍法会議』NKH出版、二〇一三年
岩田重雄『基部隊（第五十一師団）作戦給養行動記録』非売品、一九八四年
NHK「シリーズ証言記録　兵士たちの戦争　飢餓の島　味方同士の戦場」、二〇〇九年一二月二六日放送
陸軍省兵務課一課員「困難なる食糧事情下に於ける健兵対策」、『偕行社記事　特号』第八四六号、一九四五年

添田知道『空襲下日記』刀水書房、一九八四年
銚子市『銚子市史Ⅰ　昭和前期』ぎょうせい、一九八三年
陸軍省副官「兵営内居住下士官以下の私物襦袢袴下等の使用に関する件陸軍一般へ通牒」、一九四五年一月
下村海南『終戦記』鎌倉文庫、一九四八年
原田良次『日本大空襲』ちくま学芸文庫、二〇一九年
『軍医団雑誌』特第一号、一九四三年
第六八師団軍医部『衛生史編纂資料　昭和二十年十二月十日』
向山寛夫『粤漢戦地彷徨日記』中央経済研究所、一九九四年
リジー・コリンガム『戦争と飢餓』河出書房新社、二〇一二年
棟田博『陸軍いちぜんめし物語』光人社NF文庫、二〇一〇年
Bernard D.Karpinos," Weight-Height Standards Based on World War II Experience",*Journal of the American Statistical Association*, Vol.53,No.282（1958）

コラム④

木坂順一郎「アジア・太平洋戦争の呼称と性格」、『龍谷法学』第二五巻第四号、一九九三年

第4章

村松一郎・天澤不二郎編『現代日本産業発達史22』交詢社出版局、一九六五年
「新春特輯座談会　戦地に於ける故障修理を語る」、『自動車記事』第七四号、一九四一年
自動車工業振興会『日本自動車工業史口述記録集』非売品、一九七五年
同『日本自動車工業史行政記録集』非売品、一九七九年
増田周作『日本のトラックの歴史』日新出版、二〇〇六年
Alan Gropman,*The Big L:American Logistics in World War II*（1997）
市川宗明『火の谷』叢文社、一九七九年
満州第二六三六部隊「『ノモンハン』方面代燃自動貨車長途行軍演習記事」、一九四三年一〇月
佐藤勇介『野戦給養発達史』陸軍主計団記事第二九九号付録、一九三五年
大瀧真俊『軍馬と農民』京都大学学術出版会、二〇一三年
陸軍技術本部「戦車と軍の機械化」、『週報』第一二七号、一九三九年三月二二日号
「軍馬と軍の機械化」、『馬の世界』第一九巻第五号、一九三九年
陸軍省情報部「「戦車と軍の機械化」に関する補足的説

明」『週報』第一三二号、一九三九年四月二六日号
『馬の世界』第一九巻第六号、一九三九年
United States Strategic Bombing Survey, *The Effect of Air Action on Japanese Ground Army Logistics* (1947)
石川元雄・陸軍軍医少佐「人的戦力増進に関する考察」、『偕行社記事』第七五五号、一九三七年
「健兵対策座談会記事」『偕行社記事　特号』第八一五号、一九四二年
第三六師団軍医部「C号作戦衛生勤務の教訓事項」、一九四二年八月
歩兵第一三九連隊第一大隊「老河口作戦給養史」、一九四五年三月～五月
中島敬三『幻の鉄兵』非売品、一九九二年
西尾隆志「太平洋戦争における日本航空戦力の配備・補給」、高田馨里編著『航空の二〇世紀』日本経済評論社、二〇二〇年
児島襄『誤算の論理』文春文庫、一九九〇年
藤原彰『中国戦線従軍記』岩波現代文庫、二〇一九年
第二十七師団「自昭和十九年四月十五日　至昭和二十年八月十四日　衛生業務要報」
橋本秀峰『画集　中国大陸縦断一万粁』日興企画、一九八六年
支駐歩三会編『支那駐屯歩兵第三連隊戦誌』非売品、一九七五年
陸軍省『被服手入保存要領』、一九四三年
西島亮二ほか編『造船技術は勝てり』非売品、一九六八年
牧野茂『牧野茂艦船ノート』出版協同社、一九八七年
戸高一成編『[証言録] 海軍反省会5』PHP研究所、二〇一三年
小柳冨次『太平洋海戦史論』弘文堂、一九五〇年
岡新・海軍少将「極秘　皇国総力戦の特質に就きて」、一九四一年四月
福永恭助『軍艦物語』一元社、一九三〇年
中野旭「警備艦の居住性について（1）」、『船舶』第三一巻第九号、一九五八年
岡田幸和「艦内生活と人間工学」、『世界の艦船』第二三八号、一九七七年
駆逐艦秋雲会編『栄光の駆逐艦秋雲』非売品、一九八六年
小田島祥吉『海軍衛生学』医海時報社、一九三八年
阿部安雄・戸高一成編『福井静夫著作集第四巻　日本巡洋艦物語』光人社、一九九二年
隠澤兵三編『一期一会　栄光の駆逐艦櫻思い出集』非売品、一九九二年
阿部安雄・戸高一成編『福井静夫著作集第一二巻　日本軍艦建造史』光人社、二〇〇三年
昭和十五年桜医会編集委員会編『わたつみに戦う』非売

品、一九七八年
海軍軍医学校戸塚一期会追悼録刊行委員会編『海ゆかば　海軍軍医学校戸塚一期戦没者追悼録』非売品、一九七六年
瀬間喬『日本海軍食生活史話』海援舎、一九八五年
刊行会編『日本海軍潜水艦史』非売品、一九七九年
伊藤信義「特殊環境と体力」、『大阪医科大学雑誌』第一八巻第六号、一九五九年
本橋政男編『伊号第八潜水艦史』非売品、一九七九年
千葉哲夫『鎮魂』星への歩み出版、二〇〇九年
イアン・トール『太平洋の試練（下）』文春文庫、二〇二一年
防衛庁防衛研修所戦史室『戦史叢書　海軍軍戦備〈2〉』朝雲新聞社、一九七五年
『世界の艦船　日本潜水艦史』第七九一号、二〇一四年
渡邊勉『戦争と社会的不平等　アジア・太平洋戦争の計量歴史社会学』ミネルヴァ書房、二〇二〇年
黒田俊雄編『村と戦争』桂書房、一九八八年
刊行委員会編『新緑青々』非売品、一九八六年
熊谷光久『日本軍の人的制度と問題点の研究』国書刊行会、一九九四年
西山伸『検証 学徒出陣』吉川弘文館、二〇二四年
伊藤正徳ほか監修『実録太平洋戦争』第六巻、中央公論社、一九六〇年
大江志乃夫監修・解説『支那事変大東亜戦争間　動員概史』不二出版、一九八八年
元起拓『一銭五厘　兵隊の夜話』非売品、一九九四年
陸軍次官「幹候採用、召集補充等の事務担当の服務刷新に関する件　関係陸軍部隊へ通牒」、一九四四年七月
中野嘉一『メレヨン島・ある軍医の日記』宝文館出版、一九九五年
朝日新聞社編『メレヨン島生と死の記録』朝日新聞社、一九六六年
クサイエ島戦友会編『遥かなりきクサイエ島』非売品、一九八〇年
神森繁国『ミレー島戦記』非売品、一九九三年
岩手県編『援護の記録』非売品、一九七二年
藤原彰『天皇制と軍隊』青木書店、一九七八年
東洋経済新報社編『昭和国勢総覧（下）』東洋経済新報社、一九八〇年
森金千秋『攻城』叢文社、一九七九年
支駐歩一会編『支那駐屯歩兵第一連隊史』非売品、一九七四年
桑原嶽『市ヶ谷台に学んだ人々』文京出版、二〇〇〇年

コラム⑤

栗須章允『軍歴証明の見方・読み方・とり方』日本法令、二〇一五年

近藤貴明「終戦前後における陸軍兵籍簿滅失の原因とその類型化」、『立命館平和研究』第一七号、二〇一六年
厚生省社会・援護局援護50年史編集委員会編『援護50年史』ぎょうせい、一九九七年
澤地久枝『滄海よ眠れ』全六巻、毎日新聞社、一九八四〜八五年
澤地久枝『いのちの重さ』岩波ブックレット、一九八九年

おわりに

吉田悳・陸軍中将「装甲兵団と帝国の陸上軍備」、一九四〇年一〇月
佐久間亮三・平井卯輔編『日本騎兵史（上巻）』原書房、一九七〇年
斉藤一雄・陸軍少佐「国防と自動車訓練」、『自動車記事』第七四号、一九四一年
奥村芳太郎編『別冊一億人の昭和史　昭和自動車史』毎日新聞社、一九七九年
加登川幸太郎『増補改訂　帝国陸軍機甲部隊』ちくま学芸文庫、二〇二三年

		8	米軍、ガダルカナル島に上陸
1943	18	2	日本軍、ガダルカナル島から撤退
		4	山本五十六・連合艦隊司令長官、戦死
		5	アッツ島の日本軍守備隊全滅
		9	イタリア、連合国に無条件降伏
		10	出陣学徒壮行会開催（学徒出陣）
		11	大東亜会議開催
1944	19	6	マリアナ沖海戦で敗北
		7	サイパン島守備隊全滅
		10	レイテ沖海戦で敗北
		11	マリアナ基地のB29、東京を爆撃（本土空襲始まる）
1945	20	4	米軍、沖縄本島に上陸
		7	連合国首脳、ポツダム宣言を発表
		8	広島に原爆投下・ソ連、対日宣戦布告・長崎に原爆投下・政府、ポツダム宣言を受諾・天皇による玉音放送
		9	政府、降伏文書に調印

近代日本の戦争　略年表

1930	5	1	ロンドン海軍軍縮会議開催
		4	ロンドン海軍軍縮条約調印（統帥権干犯の政治問題化）
1931	6	9	関東軍の謀略により満州事変始まる
1932	7	3	満州国建国宣言
		5	海軍青年将校ら、犬養首相を射殺（五・一五事件）
1933	8	3	国際連盟脱退
		5	塘沽停戦協定成立
1934	9	12	政府、ワシントン海軍軍縮条約廃棄を通告
1935	10	6	梅津・何応欽協定、土肥原・秦徳純協定成立
1936	11	1	政府、ロンドン海軍軍縮会議からの脱退を通告
		2	皇道派青年将校によるクーデター（二・二六事件）
		11	日独防共協定調印
1937	12	7	盧溝橋で日中両軍衝突（日中戦争始まる）
1938	13	1	政府、「爾後、国民政府を対手とせず」との声明発表
		4	国家総動員法公布
1939	14	5	ノモンハンで日ソ両軍衝突（ノモンハン事件）
		9	ドイツ軍、ポーランドに侵攻（第二次世界大戦始まる）
1940	15	9	日本軍、北部仏印に進駐・日独伊三国同盟調印
		10	大政翼賛会発足
1941	16	4	日ソ中立条約調印
		6	ドイツ軍、ソ連に侵攻（独ソ戦始まる）
		7	日本軍、南部仏印に進駐
		10	東条英機内閣成立
		12	日本軍、マレー半島上陸・真珠湾を空襲（アジア・太平洋戦争始まる）
1942	17	4	翼賛選挙
		6	ミッドウェー海戦で敗北

近代日本の戦争 略年表

年		事項
1873	明治6	1 徴兵令制定
1877	10	1 西南戦争始まる
		9 西郷隆盛、城山で自刃（西南戦争終わる）
1878	11	12 参謀本部、陸軍省から独立（統帥権独立）
1882	15	1 軍人勅諭発布
1893	26	5 海軍軍令部、海軍省から独立
1894	27	8 清国に宣戦布告（日清戦争）
1895	28	4 日清講和条約調印
1900	33	6 政府、清国への派兵を決定（義和団戦争）
1904	37	2 ロシアに対し宣戦布告（日露戦争）
1905	38	9 日露講和条約調印
1910	43	8 韓国併合、朝鮮の植民地化
1914	大正3	7 オーストリア、セルビアに宣戦布告（第一次世界大戦始まる）
		8 政府、ドイツに宣戦布告
1918	7	8 政府、シベリア出兵宣言
1919	8	6 ベルサイユ講和条約調印
1920	9	1 国際連盟発足
1921	10	11 ワシントン会議開催
1922	11	6 政府、シベリアからの撤兵を宣言
		8 山梨軍縮
1924	13	6 加藤高明内閣成立（護憲3派内閣）
1925	14	4 治安維持法公布
		5 宇垣軍縮、男子普通選挙実現
1927	昭和2	4 兵役法公布
1928	3	6 関東軍、張作霖を爆殺（満州某重大事件）
1929	4	10 ニューヨーク株式市場大暴落（世界恐慌始まる）

吉田 裕（よしだ・ゆたか）

1954（昭和29）年生まれ．77年東京教育大学文学部卒．83年一橋大学大学院社会学研究科博士課程単位取得退学．83年一橋大学社会学部助手，講師，助教授を経て，96年一橋大学社会学部教授．2000年一橋大学大学院社会学研究科教授．現在は一橋大学名誉教授，東京大空襲・戦災資料センター館長．専攻・日本近現代軍事史，日本近現代政治史．

著書『昭和天皇の終戦史』（岩波新書，1992年）
『日本人の戦争観』（岩波現代文庫，2005年／原著は1995年）
『アジア・太平洋戦争』（岩波新書，2007年）
『現代歴史学と軍事史研究』（校倉書房、2012年）
『日本軍兵士――アジア・太平洋戦争の現実』（中公新書，2017年）第30回アジア・太平洋賞特別賞，新書大賞2019を受賞．
『兵士たちの戦後史』（岩波現代文庫，2020年／原著は2011年）他

続《ぞく》・日本軍兵士《にほんぐんへいし》
――帝国陸海軍《ていこくりくかいぐん》の現実《げんじつ》
中公新書 *2838*

2025年1月25日初版
2025年4月20日5版

著　者　吉田　裕
発行者　安部順一

本文印刷　三晃印刷
カバー印刷　大熊整美堂
製　　本　フォーネット社

発行所　中央公論新社
〒100-8152
東京都千代田区大手町1-7-1
電話　販売 03-5299-1730
　　　編集 03-5299-1830
URL https://www.chuko.co.jp/

Published by CHUOKORON-SHINSHA, INC.
Printed in Japan　ISBN978-4-12-102838-9 C1221

現代史

f1